청춘의 80일 유럽 버스킹 도전기

버킹대신
기타 메고
떠납니다

Tracklist

1   **쏭지니어 넌 누구니?**

2   **프롤로그**   Trigger of Travel | Goal of Travel | Ready to Go

3   **영국**

   잉글랜드   반갑다 친구야 | 무사(MUSA) 도착! | 고마워! Emma ♡ Jake |
                 첫 버스킹 참패, 전화위복 in Camden Town 버스킹 | 진정한 여행의
                 매력 | 유종의 美 in London | 카우치서핑 너 좀 어렵다?

   스코틀랜드 Edinburgh 고행길인가? 그래도 좋다 | 설레는(?) 첫 카우치서핑 날 |
                 음악의 도시로 가는 Music Road

   아일랜드   흥나는 더블린 | Enjoy your Travel! | 호스(Hawth)에서의 짜릿함
                 | 씁쓸한데 즐거운데 이상한데 즐거워!

4   **스페인**

   마드리드   정열의 도시 스페인 마드리드! | 시월에 | 아니 내가… 내… 내가… 이
                 등병이라니 | Beautiful 톨레도 | El Figurante에서의 짜릿한 공연

   발렌시아   Valencia 너를 품는다 | 바람 잘 날 없는 날

   바르셀로나 바르셀로나에서의 새로운 시작 | Anggie와의 바르셀로나 대탐방 | 자
                 연의 나라로 | 이건 바르셀로나 삼재인가?

5 **프랑스**

니스   고진감래 니스! ｜ 니스 해변에서 맞이한 여수밤바다 ｜ 위기를 기회로!

파리   I love everything of Paris! ｜ 퐁피두센터 앞에서 라면을 먹다니! ｜ Falling in the Paris Music ｜ 아쉬운 헤어짐과 또 다른 따뜻한 만남 ｜ Fredrick과의 데이트?

루앙   몽마르뜨부터 루앙으로! So lovely Home! ｜ 가족같은 분위기로! ｜ 벨기에에서 새로운 만남

6 **벨기에**   벨기에 슈퍼 호스트 Lieke의 집 도착! ｜ Hard walking and Happy busking ｜ Hallelujah ｜ 덴더몬드에 대해 알아보자!

7 **네덜란드**   덴더몬드를 떠나 암스테르담으로! ｜ I am steradam!

8 **독일**

함부르크   Hambrug에서 다시 피어난 엔지니어의 꿈

베를린   베를린, 그 이름을 위하여! ｜ Good Friend! ｜ Busking Busking! Music Day! ｜ 독일에서 만난 신라!

9 **체코**   Welcome to Praha:프라하 ｜ 프라하에서 쌀쌀하지만 따뜻한 버스킹 ｜ 공연은 타이밍 ｜ 예상치 못한 휴식, 달콤한…

10	**슬로바키아**	뜨거운 안녕, 행복한 Bratislava ∣ 브라티슬라바 비긴어게인 ∣ 그녀와의 단독 데이트?! ∣ 떠나기 싫은 Bratislava, 안녕…
11	**헝가리**	신나는 어부의 요새 ∣ 헝가리 아이들을 위한 봉사활동을?
12	**오스트리아**	Halo Vienna(빈)! ∣ 음악의 도시 빈에서 버스킹 사전답사까지! ∣ 이건 분명 하늘이 도와주는 걸 거야!
13	**이탈리아**	
	베네치아	물의 도시 베네치아로! ∣ 카우치서핑은 연애 사이트가 아니에요
	볼로냐	이 곳이 파라다이스 ∣ New Jersy 오케스트라를 이곳에서? ∣ 볼로냐에서 Party Tonight
	피렌체	비 오는 피렌체 반가워! ∣ 피렌체에서 춤을
	로마	고진감래 로마의 첫날 ∣ 쁜 & Fun ∣ 나 홀로 로마 투어 ∣ 바티칸과 오픈 마이크 ∣ 교황님, 로마에서의 마지막 만찬 ∣ Come Back Home
14	**에필로그**	그래서 얻은 게 뭐야? ∣ 여행을 인생에 활용하는 방법

쏭지니어 넌 누구니?

어릴 때는 그냥 기계를 유난히 좋아하는 아이였다. 가정사로 인해 혼자 외롭게 지내기 싫어 그렇게 관심을 돌렸던 것 같다. 컴퓨터, RC 카, RC 비행기, 납땜하기 등 전형적인 공돌이의 모습이었다. 심지어 성격까지 소심했다. 항상 남 눈치를 보며 '날 이상하게 생각하면 어떡하지?'라는 고민으로 나 자신을 덮으며 살았다. 남들 앞에서 발표하거나 노래 부르는 것은 상상도 할 수 없었다. 그러던 어느 날, 반전의 순간이 다가왔다.

중학교 때 좋아하는 여자아이에게 잘 보이고 싶어서, 조장혁의 '이별보다 아픈 하루'를 열심히 연습했다. 그 여자애가 그 노래를 좋아한다고 했었던 것 같다. 지금 생각해보면 웃기다. 잘 보이려면 사랑스러운 노래를 불러야지 무슨 이별 노래인가? 글을 쓰면서도 피식 웃음이 새어 나온다. 그때부터 친구들과 노래방에 자주 가고, 혼자서도 오락실 노래방에 곧잘 들르게 되었다. 그렇게 소심했던 나는 점점 도전적이고 열정을 가진 사람으로 변해갔다. 남들과는 다른 무언가를 추구하고 싶다는 소망도 생겼다. 중학생 때는 회원 수가 1만 명이나 되는 다음 카페를 운영했고, 대학교에 와서는 노래 동아리와 다양한 대외 활동을 하며 내 일로 버스킹 여행을 떠나기도 했다. 그리고 지금은 노래하는 엔지니어라는 의미의 '쏭지니어 기명' 유튜브 채널을 통해 다양한 분들에게 노래를 불러드리고 있다. 남들이 뭐라고 하든지 다채로운 나만의 길을 걸으려고 노력했다. 그때의 경험들이 지금까지도 스스로에 대한 창의적인 도전들을 더욱 부추겼던 것 같다. 이 책을 쓰는 것을 포함해서 말이다. 어쩌면 그 여자아이에게 감사해야 할지도 모른다. 나를 이렇게 바꿀 수 있는 씨앗을 제공해 주었으므로.

프롤로그

　　치열했던 20대 초반, 기타 하나 걸쳐 매고 친한 선배와 전국 기타 여행을 떠났었다. 한창 음악에 빠져 학점도 내팽개치면서 동아리와 음악 활동에만 매진했던 23살, 무작정 남들과는 다른 삶, 다른 여행을 하고 싶어 같이 음악을 하는 형에게 여행을 가자고 제안했다. 20대를 위한 '내일로 티켓'을 이용해서 전국 8도를 돌면서 각지 예쁜 풍경이 있는 곳에서 공연하자고 말이다. 그렇게 우리는 20대의 열정과 기타만 가지고 여행을 떠났다. 기차와 함께했던 하루하루, 아름다운 풍경과 사람들의 박수 소리, 웃는 모습, 만 원을 고이 손에 들고 와서 기타 가방에 넣어주던 아이의 모습까지, 모두 아름다운 추억으로 간직하고 있다. 좋은 추억과 함께 나는 자연스레 뮤지션이라는 꿈을 꾸기 시작했다. 그런 꿈을 가졌지만, 시간에 쫓겨 입대를 하게 되었다.

　　입대를 하고 나서 유럽 버스킹 여행이라는 새로운 꿈이 생겼다. 이 꿈을 갖게 된 데에는 '도경'이라는 군대 선임의 영향이 컸다. 그는 다른 선임들과는 사뭇 다르게 항상 긍정과 사랑이 넘치는 친구였다. 비록 내가 군대에 늦게 가서 선임들 대부분이 나보다 나이가 적었지만 이 친구는 정말 존경할 만한 사람이었다. 미국 유학파인 그는 학력을 떠나 인성적으로도 배울 점이 많았다. 항상 책을 추천하면서 인생에 대해 고찰하고 꿈을 함께 꿔야 한다는 이야기를 많이 해주었다.

　　군대에서도 뮤지션을 꿈꾸던 나는 우연히 코너 우드먼의 <나는 세계일주로 경제를 배웠다>라는 책을 읽었다. '뉴욕 월가에서 내로라하는 애널리스트가 경제를 배우러 세계여행을 떠난다고? 그게 말이 되나?' 싶은 생각으로 무심코 읽게 된 책이었다. 그리고 그 책이 내 버스킹 여행 본능을 일깨웠다.

매일 그래프만 분석하던 코너 우드먼은 숫자놀음에 싫증을 느끼고, 전통적인 거래방식 즉, 한 나라에서 물건을 사서 다른 나라에 웃돈을 얹어 파는 방식으로 세계여행을 떠났다. 이 간단한 방법으로 6개월간 4대륙 15개국을 누비며 물건을 사고팔아서 약 1억 원을 벌었다. 그의 이야기를 읽고 이런 생각이 들었다. '그렇다면 나도 유럽을 누비면서 길거리 공연으로 돈을 벌고, 진정한 뮤지션이 될 수 있는지 시험해 볼 수 있지 않을까?' 이런 고민을 도경이와 함께 나누며 꿈을 꾸기 시작했다. 미래 여행 일기까지 쓸 정도로 군 생활 내내 그 여행에 빠져 살았다. 그리고 결심했다.

'나도 유럽 여행으로 음악을 배우고 성장해야겠다. 그래, 가자! 80일 간의 유럽 버스킹 여행!'

유럽 버스킹 여행을 함께한 배낭과 기타

여행의 목표는 참 도전적이면서도 거창했다. 내가 해낼 수 있을까 싶었지만 일단 실천에 옮기기로 했다.

♬ 여행 비용은 최소화하기!

군 전역을 하자 점점 계획을 구체화할 수 있었다. 먼저 여행 경비를 최소한으로 잡았다. 그래야 내가 진짜 뮤지션으로서 성공할 수 있는지 그 가치를 돈으로 환산해볼 수 있을 것 같았다. (잔인하지만….) 그래서 교통비만 벌어서 가자는 생각으로 80일간의 유럽 버스킹 소(小)전여행을 계획했다. 처음 계획한 예산은 300만 원, 비행기 왕복 값 150만 원과 비상금이 전부였다. 이 정도면 도전해 볼 만하다고 생각했다. 숙박은 여행자들을 위한 비영리단체인 '카우치 서핑'을 적극적으로 이용하기로 했다. 지금 에어비앤비의 모태로, 무료로 자기 집의 남는 공간을 활용해서 여행자와 교류도 하고 숙박도 시켜주는 커뮤니티다.

♬ 영어 실력 키우기!

외국에 나가서도 약간의 불편함 때문에 한국인들을 찾다 보면 영어실력이 한 문장도 안 늘어서 오는 것이 태반이라는 이야기를 많이 접했다. 그러니 카우치 서핑을 이용해 현지인들을 만나 여행하고, 그들과 먹고살면 영어 실력도 늘 수밖에 없을 것 같았다. 환경을 그렇게 딱 설정해 버린 것이다. 지금 생각해보면 꽤 독한 20대였다.

♬ 우리나라의 문화와 노래 알리기!

이왕 여행하는 김에 North인지 South Korea인지도 헷갈리는 유럽인들에게 한국을 조금이나마 알리고 싶었다. 그래서 생각한 것이 한식과 한국 노래였다. 요리를 생전 해본 적 없지만, 영양사이신 엄마와 유튜브를 통해서 나만의 한식 레시피를 만들었다. 볶음밥, 고추장스파게티, 콜라찜닭 등 현지에서 구할 수 있는 재료들로 최대한 맛나게 해보려고 노력했다. 2022년인 지금은 BTS, BLACKPINK 등의 활약으로 한국 노래를 아는 사람이 많지만, 2014년만 해도 모르는 사람이 많았다. 아예 한국 자체를 모르는 사람도 많았다.

♫ 유럽 길거리 문화 배우기!

유럽의 길거리 문화는 어떨지가 가장 궁금했다. 우리나라와는 어떤 차이점이 있는지, 유럽 사람들은 어떤 노래를 좋아하는지, 공연을 어떻게 이끌어가는지, 공연할 때 사람들의 반응들은 어떠한지, 길거리에서 공연하는 건 라이센스가 있어야 한다는데 나는 공연이 가능할지 등 궁금한 것투성이였다. 이런 길거리 문화에 대한 궁금증을 풀고, 한국에서 공연할 때 도움이 될 만한 내용들을 배우고 싶었다.

Ready to Go

먼저 경비를 마련해야 했다. 급한 마음에 군대 휴가를 나와서 바로 입사 지원을 했다. 백화점에 있는 신발 매장이었는데 나는 경비 마련 때문에 진짜 간절했었다. 말년 휴가 때 면접을 봤는데 다행히도 사장님이 잘 봐주셔서 손쉽게 입사할 수 있었다. 그렇게 군대를 전역하자마자 아르바이트를 시작했다. 다들 대단하다고 말해줬지만 당연하다고 생각했었다.

한 달 정도 일한 뒤 번 돈으로 3개월 뒤의 비행기 티켓을 끊었다. 물론 회사엔 비밀로! 퇴근 후에는 매일 유럽 여행 플랜을 짜거나 노래 연습을 했다. 버스킹 동호회에 가입해서 대전 문화의 거리나 엑스포 공원에서 버스킹 소모임 멤버들과 같이 공연하러 다니면서 여행을 준비했다. 그런데 욕심이 과했을까? 2달 정도 했을 때 몸에 이상이 왔다. 여행을 앞두고 인후염이 심해졌다. 이럴 수가! 한의원, 이비인후과 등 병원이란 곳은 모두 다니면서 치료해봐도 소용이 없었다. 뭐 어쩌겠나, 가야 지…. 부모님은 걱정의 눈빛을 보내셨지만 그대로 진행했다. 그게 나의 숙명 같았다. 그런데, 이 인후염은 여행 중간중간에 나를 괴롭히기도 했다. 친구 같다고나 할까?

유럽 여행을 2주 패키지 배낭여행으로 다녀온 적은 있었지만 80일 동안 길게 가는 것은 정말 모험 그 자체였다. 플랜이 있긴 했지만 상황에 따라 어떻게 변할지 모르는 일이었다. 그래서 왕복 항공권만 끊고 하나씩 채워 나가기로 했다. 그렇게 각종 유럽 여행기들을 조사하던 과정에서 내가 생각한 여행을 미리 해본 분을 만날 수 있었다. 유럽 여행해 본 사람들은 다 알 만한 '유랑' 카페에서 80일 동안 진짜 본인 몸과 기타 하나만 들고 유럽에서 무전여행을 한 분을 알게 되었다. 닉네임은 '호야'였다. 네이버 쪽지를 교환하고 서울에 산다고 해서 무작정 기차를 타고 올라가서 만날 수 있었다. 그분의 이름은 '전진호'. 진호 형은 너무나도 따뜻한 마음씨를 가지셨다고 느껴졌다. 여행 때 썼던 다이어리들, 각종 팁을 정말 정성스레 알려주시고, 맛있는 커피도 사주셔서 편안하게 얘기할 수 있었다. 나는 그동안 쌓여 있던 질문들을 쏟아냈다. 많은 질문이 있었지만 돈, 숙소, 버스킹이 주된 질문이었다.

"근데 형, 진짜 무전여행 하신 거예요? 버스킹으로 돈 벌고, 숙소도 그냥 정해지는 대로 하신 거고요?"

"응, 진짜. 비행기 편도 티켓만 끊고 가지고, 입국할 때도 잘못하면 못 들어갈 뻔했다. 입국심사 까다롭거든~ 그리고, 진짜 버스킹한 돈으로 벌이하고, 숙소도 진짜 내가 그때그때 만난 사람들 집에서 자고 그랬지~"

"아, 맞아요. 블로그에서 본 거 같아요. 와 근데 저는 그 정도로 대담하진 못하겠던데…. 그래서 저는 왕복 비행기권이랑 교통비 정도는 벌어서 300만 원 정도 생각하고 가거든요. 와 근데 저는 이제야 생각한 걸 이미 실천하신 분이 계시다니 진짜 존경스러워요."

"아냐. 너도 이제 그런 존경받는 사람이 될 건데 뭘~"

"에이 아니에요. 근데, 블로그에서 '돈 벌려고 마음먹고 버스킹하면 절대 돈 못 번다'라고 느끼신 부분 있던데 진짜 그랬어요? 무슨 느낌인 진 알겠는데 한국에선 사실 돈 잘 주잖아요~"

"그치, 한국에선 그렇지. 근데 이게 말이야 뭐든 똑같겠지만, 노래를 할 때 사람들이 표현은 안 하지만 그 마음을 알더라고…. 노래가 사람을 즐겁게 해주려고 하는 건데 그 노래에 무의식적으로 그런 욕심들이 다 느껴지나 봐…. 신기하게도 내가 노래 잘한다고 생각해도 돈을 안 주더라고!"

"와, 그래요? 그렇군요(하지만, 속으론 '에이 설마 그렇게까지 차이 나겠어' 생각하고 말았다.)"

가장 인상 깊었던 내용은 '돈을 벌려고 마음먹고 버스킹하면 절대 돈을 못 번다' 였다. 나는 처음엔 뭔가 마케팅 책에서나 나오는 얘기겠거니 생각하고 말았다. 하지만 그땐 몰랐다. 그 마음의 차이가 어떤 결과를 가져올지….

그때의 조언이 이 여행에 너무나도 많은 도움이 되었고 지금도 내 인생에 많은 영향을 미치고 있다.

잉글랜드

01. 반갑다 친구야

유럽 출발 전 인천공항에서 게이트에서

카타르 항공을 이용해서 출발하기 위해 기다리던 중 '하라'라는 친구를 만났다. 한 달간의 유럽 여행을 하러 왔다고 했다. 내 여행 이야기를 듣더니 너무 부럽다며 이야기꽃을 피웠다. 함께 입국심사를 기다리면서 서로에게 도움이 되는 꿀팁들과 여행 정보를 나눈 후에 비행기에 몸을 실었다. 왠지 든든한 마음이 들었다.

첫 도착지는 잉글랜드 런던이었다. 시작부터가 뭔가 팍팍한 기운이 맴돌았다. 영국은 입국심사가 까다롭다더니 정말이었다. 여기는 왜 왔냐, 어디로 갈 거냐, 얼마나 있을 거냐, 연락할 사람 있냐 등등 정말 길고 긴 심사 시간을 빠져나왔다. 이렇게 까다로운 입국심사를 통과하고 나서도 막막했다. 돈을 아끼려고 유심도 사지 않아서 핸드폰이 무용지물이었다. 계획대로라면 군대 선임이었던 '희성이'에게 연락을 해야 했다.

희성이는 군대에서 항상 내 노래를 좋아해 줬고, 여행 이야기를 응원해 줬던 멋진 선임이자 좋은 동생이었다. "진짜 여행 오면 연락해. 맛있는 것도 사주고 구경도 시켜줄게!" 했던 말을 나는 기억하고 있었다. 하하.

하지만 연락할 방법이 없었다. 고민하던 나는 조금 무서웠지만 일단 VICTORIA 역에서 내린 뒤 문법 틀린 영어로 착하게 생긴 흑인 아저씨에게 부탁했다. "아저씨, 제가요… 여기 여행하러 왔는데요. 치… 친구가 있는데 연락을 못 해서요. 핸드폰 좀 빌려~"까지만 얘기했는데 척하고 멋지게 핸드폰을 빌려주셨다. 꺄오! 내가 영어로 현지인과 소통하고 핸드폰까지 빌리다니! 설레는 마음으로 희성이의 번호를 누르고 연락이 닿았다. 나를 데리러 온다고 했다. 너무나 짜릿했던 순간이었다.

그렇게 만난 희성이는 나를 보더니 놀라면서 왜 군대에서 메던 군장을 또 메고 왔냐고 물으며 웃었다. 나도 내 모습이 웃겨서 같이 깔깔거렸다. 내가 생각해도 나는 가끔 무모하게 도전적일 때가 있다. 하지만 그러한 도전들이 있었기에 2022년 지금의 나 또한 이렇게 책을 쓰는 즐거운 시도를 할 수 있다고 생각한다.

긴장을 너무 했던 탓일까? 희성이 집에 짐을 풀자마자 나는 뻗어버렸다. 4시간을 곧장 자고, 희성이가 밥을 사준다고 해서 너무나도 고맙게도! 잘 얻어먹었다. 군대에서의 모습과는 다르게 영국식 악센트로 물과 스테이크를 사주는 모습은 정말 멋있었다. 런던의 스테이크는 어떨지 기대가 됐다. 거리에 앉아서 먹을 수 있는 테이블에 앉아서 먹었는데 6시쯤 저물어가는 시간과 함께 먹으니 분위기가 참 아름다웠다. 이 은혜는 꼭 갚으리! 빅벤, 런던아이, 버킹엄궁전, 트라팔가 광장을 보면서 여행에 와 있는 내 모습이 너무나 대견하고 즐거웠다. 너무 고마워서 집으로 돌아와서 그동안 준비했던 노래들을 들려줬다. 'All Of Me - John Legend' '서른 즈음에 - 故김광석' 'I'm Yours - James Mraz'

등을 들려주고 여행의 첫날을 마무리했다.

02. 무사(MUSA) 도착!

첫 호스트 이름이 '무사'였다. 처음부터 낯선 곳에서 무리하고 싶진 않아서 안전하게 에어비앤비를 이용했다. '뭐야 비용을 최소화한다더니?!' 라고 반문할 수 있지만, 2014년에는 한국에 에어비앤비가 이제 막 도입되던 시기여서 이벤트가 매우 많았다. 나는 절호의 기회를 놓치지 않고 여행에 오기 전, 여행 기획 아이디어를 제출해서 약 200불 가까운 바우쳐에 당첨됐었다. 진짜 독했었다. 그래도 이런 기회를 얻을 수 있어서 참 감사했다.

무사 형네 집을 찾는데 좀 헤맸었다. 아무래도 유심을 안 쓰다 보니 GPS만 의지한 채 구글맵을 쓰는 것은 한계가 있었다. 간신히 근처에 도착해서 주민분에게 여쭤보니 어지간히 안타까워 보였는지 그 집까지 데려다주셨다. 오! 진짜 마음씨 따뜻하신 분은 어디에나 있구나! 구글맵보단 주민맵이 더 좋았다. 그래도 나는 유심을 사지 않고 Wifi를 쓸 수 있는 각종 방법을 연구했고, 진짜 필요할 땐 지나가는 사람을 붙잡고 도와달라고 했었다.

MUSA집의 프로듀싱 기계

무사 형 집은 굉장히 Cozy하고 깔끔했다. 신기하게도 이 형은 라디오 방송사에서 Producer와 DJ를 하고 있었다. 나는 내 여행에 조언을 구하고 싶어졌고 우리는 서로의 노래를 들으면서 이야기를 나눴다. 무사 형의 노래는 그루브가 참 좋고 감성적인 느낌이었다. 정통 힙합 같지만 세련된 느낌의 그런 곡이었다. 답가로 나는 연습했던 팝송을 불러줬다. 목소리가 좋다고 해줬고 또 조언도 해줬다.

"왜 근데 팝송을 하려고 해?"

"왜냐면 여긴 영어의 나라잖아. 당연한 거라고 생각했는데~"

"아니야, 오히려 한국어를 하는 게 더 너다울 거고 그게 더 멋질 것 같아"

(!, 머리를 세게 맞은 느낌이었다.)

"아 그렇네? 근데 사람들이 좋아할까?"

"그럼! 사람들은 똑같은 걸 싫어해, 동양인이 팝송을 한국어로 바꿔서 부르면 더 신기해하지 않을까?"

"오 그렇네…. 그럼 다 바꿔서 불러야 될까?"

"아냐 전부 다 바꾸진 말고 몇몇 부분만 바꿔서 하면 좋을 것 같아. 어차피 그리고 그냥 즉흥으로 바꿔 불러도 아무도 모를 거야. 다 외국인이잖아."

"고마워 형! 진짜 내일 바꿔볼게!"

이때부터였다. 팝송을 한국어로 번안해서 부르는 나의 시그니처가 탄생했다. 지금은 유튜버분들이 팝송을 한국어로, 한국어를 팝송으로 많이들 바꿔 부르지만 그때는 굉장히 생소했던 시도였다. 그렇게 나만의 유럽 비긴 어게인 공연이 2014년에 시작되었다.

탁 트인 Burgee's 공원 전경

무사 형 집에는 잘 적응했다. 점심을 준비하고 버스킹 연습을 하러 집 근처에 있는 Burgee's 공원에 갔다. 한적한 도시의 풍경이 참 좋았다. 공원도 잔디가 푸르게 펼쳐져 있고 가운데 잔잔하게 햇빛을 비추고 있는 호수가 있었다. 공원에서 발길 가는 대로 걷다 보니 호수 근처에 연습하기 좋은 벤치가 보였다. 거기서 어제 무사 형이 조언해준 대로 팝송을 번역하기 시작했다. 그대로 번역해버리면 원래의 맛이 떨어지니 신중에 신중을 가했다. 처음엔 한국어로 표현할 수 있는 것과 없는 것이 있어서 어려웠지만, 하다 보니 금방 적응됐다. 기분 좋게 내리쬐는 햇빛과 여유로움, 초록초록한 잔디, 귀여운 기타, 이리저리 끄적이던 작은 노트까지 분위기가 어우러지며 '아, 행복하다.' 이런 생각이 들었다. 그때의 안정감은 이루 말할 수 없다.

노력한 결과, 4개 정도 번안을 완성했다. 'All Of Me - John Legend'라는 노래가 너무 유명하고 부르기도 좋아서 번안을 먼저 시도했다.

이 곡의 원곡과 나의 번안 버전을 비교해보자면 이렇다.

All Of Me - John Legend

'Cause all of me
널 사랑해

Loves all of you
너의 모든 걸

Love your curves and all your edges
너의 머리 한 올까지

All your perfect imperfections
너의 마음 하나까지

Give your all to me
내게 와줘요

I'll give my all to you
잘해 줄게요

You're my end and my beginning
나의 end and my beginning

Even when I lose I'm winning
나는 너를 더 사랑해

'Cause I give you all of me
'Cause I give you all of me

And you give me all of you, oh oh
And you give me all of you, oh oh

완전 그대로 번역본을 읽기보다는 그걸 바탕으로 내가 나타내고 싶은 감정을 담아서 개사했다. 이런 곡들과 한국 곡들을 섞어서 하면 재밌을 것 같았다. 이렇게 조금씩 레퍼토리를 늘려가자고 나를 다독였다.

사랑스러운 커플 Emma & Jake

연습을 하다 보니 한 커플이 등장했다! 노래도 흥얼거리면서 나를 힐끔힐끔 쳐다보길래 "나 여행 왔고 노래 연습하고 있는데 봐줄 수 있어? 오디션처럼…" 이라고 물어봤더니 너무 좋다고, "Definitely"를 연발했다. 아까 완성했던 노래를 불러줬더니 너무 좋다고, 부담될 정도로 계속 칭찬해줬다. 역시 외국인들은 다르구나. 감정표현이 시원시원해서 너무 좋았다. 그들의 이름은 Emma, Jake였다. Emma도 기타를 칠 줄 알았다. 기타를 쳐보라고 했더니 'Knocking On Heaven's Door'를 쳐줬다. 다 같이 따라부르고 화음도 넣고 너무 재밌었다.

공원에서의 아름다운 추억을 정리하고 시내로 발길을 돌렸다. 같이 비행기 탔던 하라를 보기로 했다. 트라팔가 광장에서 만났는데, 여기 야경까지 볼 수 있었다. 첫날 낮에 봤던 것과는 또 다른 느낌이었다. 하라와 같은 호스텔에 묵었다는 친구들도 함께했다. 그렇게 청일점이 되어 런던아이, 빅벤, St. James park를 돌며 야경을 만끽했다. 엊그제에 희성이가 알려준 런던아이를 보는 포인트도 소개시켜줬다. 그리고, 런던아이 앞 벤치에서 우리만의 콘서트도 했다. 그때는 아직 두려움이 앞서 선뜻 외국인들 앞에서 공연하기가 어려웠다. 딱 이때가 떨리면서도 설레고, 그랬던 것 같다. 내 한계를 넘어서야 하는 걸 알고 있었고, 이미 절반 이상은 넘어왔지만 과거의 몹쓸 습관 때문에 주저하는 마음이 조금 남아 있었다.

앞서 소개했듯이 어릴 때부터 가정사와 원래 성격 때문에 항상 소심하고 남 눈치를 매우 보는 것이 일상이었다. 좋아하는 여자애한테 잘 보이기 위해 노래를 도전한 것부터 시작으로 점점 변화해 나갔지만, 내가 모르는 무언가를 도전하기 전에는 언제나 약간의 두려움이 앞섰다. 그 몹쓸 과거의 어린아이가 나를 붙잡는 순간, 그 순간을 이겨내기 위해 노력해야만 했다.

어릴 적엔 누구 앞에서 노래한다는 것은 정말 말도 안 되는 일이었다. 중학교 수학여행 때 선생님이 버스 앞에 나와서 노래를 하라고 했을 때, 온갖 생떼를 써가며 필사적으로 안 하려고 했던 내 모습을 떠올리면, 그때 여행은 해가 서쪽에서 뜰 일이었다. 아니 해가 꼭대기에서 뿅 하고 나타날 일이다. 하지만 나는 이겨냈고 지금은 또 해외 사람들을 대상으로 노래를 불러주는 유튜브도 하고 있다. 그러니 과거의 나에게 힘을 내라고, 이겨낼 수 있다고 응원을 보내주고 싶다. 잠깐의 불편함만 견디면 새로운 즐거움으로 바뀔 것이라고! 화이팅!

04. 첫 버스킹 참패, 전화위복 in Camden Town 버스킹

다음 날 점심 즈음에 버스킹 하기 전 연습을 하기 위해서 Burgee's Park로 다시 향했다. 날씨도 화창하니 연습하기 딱 좋은 날이었다. 곡 번역을 더 해서 5곡의 공연 레퍼토리를 완성했다. 나름 선방했다는 생각에 뿌듯했다. 주위에 앉아 있던 아저씨랑 아줌마들한테도 노래를 들려줬다. 역시, 노래가 아름답다고 여기 분위기랑도 잘 어울려서 너무 좋다고 해줬다. 참 착한 분들이다.

런던 브릿지에 앉아서 공연 중에, 미니 앰프, 수통과 함께

이제 진짜 결전의 순간이다. 일단 상징적인 곳에서 공연해야겠다는 생각이 들어서 무작정 버스를 타고 빅벤 앞 런던 브릿지에 도착했다. 막상 내렸지만 사람이 너무 많아서 공연할 만한 장소가 눈에 띄지 않았다. 런던 브릿지 메인 공간에는 피에로로 분장해서 사람들의 돈을 갈취하는 나쁜 사람들이 있어서 피하기로 했다. 그래서 처음엔, 내가 내린 Westminster 버스정류장 근처에서 버스킹을 시작했다. 연습이 잘 안 돼 있는 것을 알아보는 건지, 사람들은 쌩쌩 자기 갈 길만 갔다. 심지어 한국 노래를 해도 여행 온 한국 사람들조차 감흥이 없어 보였다. 너무 기분이 착잡했었다.

그래도 한 번 시도했으니 실패하더라도 제대로 된 장소에서 5곡은 부르고 가자는 생각이 들었다. 마침 피에로 양아치들이 떠나가서 런던 브릿지에서 앉아서 공연해야겠다고 결심했다. 런던아이가 파란색, 보라색으로 바뀌면서 돌아가는 모습이 운치 있게 보이는 장소였다. 내 목소리와 노래가 잘 어우러지지 않을까 하는 실낱같은 희망을 가지고 공연을 시작했다. 그러나, 역시 다들 런던아이 사진을 찍기 바쁘고 노래에는 관심이 정말 하나도 없었다. 다들 키스하기 바쁜데 (런던아이가 보이는 런던 브릿지는 키스 명당이다), 자신감 없이 앉아서 마이크도 없이 노래하고 있는 공연을 볼 리가 없었다. 사실 앉아서 공연한 이유가 악보를 보면서 해야 한다는 생각 때문이었다. 근데, 이는 너무나도 큰 판단 미스였다. 심지어 한국 사람들도 가사 틀리는 것을 신경 안 쓸 텐데, 왜 외국인들이 가사를 신경 쓸 거라고 생각했을까? 나는 스스로 반성하며 자리를 털고 일어났다. 아쉬운 부분이 많은 첫 시도였다. 하지만, 지금 돌아보면 그 순간이 가장 빛나고 멋있었다. 너무나도 칭찬해주고 싶은 첫 도전이었기 때문이다.

런던 브릿지에서 공연을 접은 나는 트라팔가 광장으로 향했다. 그곳은 이미 어떤 버스커가 자리 잡고, 스피커를 엄청 크게 틀며 공연을 하고 있었다. 그냥 오늘은 여기까지만 하자는 생각으로 집으로 돌아왔다. 고맙게도 무사 형이 오늘 어땠냐고 물어봐 줬다.

"오늘 공연 어땠어? 재미 좀 봤어?"

"형, 완전 망했어… 위로 좀 해줘."

"거기 버스커들은 좀 있었어?"

"아니 없던데 한 명 빼고?"

그는 버스커가 없는 곳에는 이유가 있다며 Camden Town 이나 Covent Garden에 가라고 했다. 나는 Camden Town에 본능적으로 끌렸다. 들어보니, 그곳은 마치 홍대 같은 느낌이었다. 젊은 사람들도 많고 버스커들도 많다고 했다. 내일은 비가 오니 여기는 갈 수가 없고, 기회가 되면 바로 갈 수 있게 준비를 하고 있어야겠다고 생각했다.

이날의 경험은 정말 나의 뇌 구조 하나하나를 모조리 바꿔주는 계기였다. 도전할 수 있는 마음가짐과 긍정적으로 상황을 받아들이는 여유가 생겼다. 또 실패를 통해서 더 열심히 연습하게 되었고, 점차 고지를 향해 달려갈 수 있었다.

이튿날 다시 한번, Camden Town으로 향했다. 그러나… 두둥! 그곳엔 사람이 없었다. 일요일 저녁엔 사람이 없는 것인가? 당황해서 그 근처를 둘러보고 시장도 들어가 봤다. 일요일에다가 저녁이다 보니 다 집으로 간 것 같았다. 그래서 지나가는 여인에게 어디가 Hot place냐고 물었다. Hot place…? 이 단어가 맞나? 아무튼, 왔던 길 다시 돌아가란다. 지하철역 입구가 그나마 사람이 많다고 했다. 한참을 서성이다가 Underground^{지하철역} 앞에서 하고 가자고 생각했다. 하다 보니 어제처럼 사람들이 쌩쌩 지나가기만 하고 왠지 망한 것 같은 느낌이 들었다. 그래도 끝까지 레퍼토리는 다 해보자는 생각으로 한국 노래, 팝송, 자작곡까지 다 불렀다. 연습이 안 된 노래도 가사를 보면서 시도해 봤다.

그러다가, Daniel이라는 폴란드인과 그 친구가 기타를 들고 나타났다. 아주 거나하게 취하셔서는 Jam을 하자고 했다. 코드 2개만 쳐보라고 했었다. 그래서 나도 약간 동정하는 느낌으로 쳐줬다. 그런데 둘이 아주 신나서 난리가 났다. 나는 금방 보낼 생각이었는데 갈 기미가 안 보였다. 다시 내 노래를 들려주겠다고 했다. 그랬더니 그 사람이 반응이 좋다 보니 주위 사람들이 조금씩 관심을 갖기 시작했다. 참 신기했었다. 문득 그 생각이 났다. 진호 형이 말씀해 주셨던 '돈을 벌려고 마음먹고 버스킹하면 절대 돈을 못 번다.' 이때는 진짜 돈에 대한 생각은 1도 없었고 '에라이 모르겠다 그냥 즐기자'였다. 술 취한 분들한테 돈을 받을 수가 있겠나? 그런데 지금 생각해보면 웬 동양 외국인이 술 취한 현지인들과 잘 노는 모습을 보고 궁금해서 구경했던 것 같다. 그땐 이해가 안 됐지만, 돌이켜보면 마케팅적으로 아주 훌륭했던 전략이었다.

나에게 용기를 준 런던 친구들!

이날의 수익! + 14 (약 2.7만 원)

　조금씩 조금씩 가방에 팁이 쌓이기 시작했다. 마지막엔 기타 치는 잘생긴 고등학생 2명이 목소리 좋다고 앞에 서서 계속 노래를 들어줬다. 비틀즈와 John Legend, Radiohead의 노래를 불러주니 너무 좋다며 계속 돈을 던져주었다. 진심으로 고마웠다. 처음으로 유럽에서 버스킹에 성공한 날이었다. 같이 사진도 많이 찍고 좋은 추억을 남겼다. 뿌듯한 마음에 자존감도 많이 올라갔었다. 이게 여행의 묘미 아니겠는가?!

　　런던에 오면 꼭 과학 박물관을 가보고 싶었다. 이상하게 끌렸다. 박물관에 가보니 날씨가 안 좋아서인지 사람이 너무 많았다. 근데, 다행히도 자연, 역사박물관에만 사람이 많았다. 다들 과학은 관심 없는 건가? 과학을 좋아하는 나는 속으로 쾌재를 부르며 과학 박물관에 입장할 수 있었다. 내용 중 가장 좋았던 건 항공기의 역사였다. 라이트형제 때부터 현재에 이르기까지의 수많은 위대한 분들의 업적을 볼 수가 있었다. 가슴이 뛰는 느낌(?)도 들었다. '과학, 공학 그래도 내가 좋아하는 분야가 맞구나'라고 생각했다. 아마 이때, 나는 엔지니어가 될 거라는 직감을 한 것 같다. 머리로는 뮤지션이 되겠다고 하고 있지만 가슴 저 깊은 곳에서는 기계, 공학을 좋아하는 그 느낌적인 느낌 말이다.

　　박물관을 다 보고 난 후 무사 형네 가족에게 한국 음식을 해주기 위해 집으로 돌아왔다. 며칠 전에 '내 여행 컨셉이 한국 문화^{음악, 음식 등}를 알리는 것'이라고 이야기하며 그 의미로 볶음밥을 대접하기로 했었다. 4인분이기에 약간 판을 크게 벌였다. 야채, 소시지를 자르고, 밥도 하고, 열심히 노력했다. 우여곡절 끝에 샐러드, 깨를 곁들여서 완성했다. 와… 여자친구 빼고는 진짜 누굴 대접하기 위해 만든 건 유럽에서는 처음이었다.

런던에서 만든 첫 볶음밥

그 결과는… 대성공이었다! 엄청 맛있게 드셨다. 무사 형네 아버님과 할머님도 같이 드셨는데 너무 좋아하셨다. 에어비앤비로 누가 이렇게 식사 대접해준 적은 처음이라고 하셨다. 무사 형도 기분이 좋았는지 고맙다고 하고, 후식도 계속 줬다. 내 노래도 들려드렸더니, 내일 교회에 가는데 같이 가자고 하셨다. 교회에 가면 한국인 가족인 '우덕'님도 있으니깐 좋을 거라고 말을 들으니 가기 전부터 기대되었다.

'와.. 여행은 사람을 알아가는 과정이구나'

06. 유종의 美 in London

아름다운 런던 교회의 아이들

교회를 같이 가기로 한 날이었다. 오랜만에 아침에 분주하게 준비했다. 무사 형의 아버지인 Henry가 날 태우러 오셨다. 교회는 자유로운 분위기와 음식들로 가득했다. 어색함도 잠시 여러 사람이 반겨줬다. 특히, 시정&우덕 가족분들이 반겨주셨다. 사실 전날에 무사 형이 우덕 씨를 초대했었는데 몸이 안 좋으셔서 못 오셨었다. 그래도 여기서 뵈니 너무 좋았다. 오랜만에 한국어로 이런저런 얘기를 나눴다. 아기들도 있었는데, 세 명이었다. 은찬, 은빛, 은서! '아고 귀여워!'. 그리고, 같이 있던 여기 사는 다른 아기들도 너무 귀여웠다. 파아란 눈을 가진 아기들, 보기만 해도 힐링이 되는 기분이었다.

여기서 아침을 먹고 예배를 드렸다. 사실, 전부 다 알아들을 수는 없었다. 그래도 영어였으므로 어느 정도는 알아듣고 아 이런 얘기구나 하면서 따라갔다. 강제 영어 듣기 평가였다. 사실, 한국에서 보던 성당, 교회와는 좀 다른 느낌이었다. 처음엔 삼삼오오 모여서 얘기하고 밥 먹고 기도할 땐 구조를 바꿔서 다시 앉았다. 생전 교회는 초코파이 받으러 논산훈련소에서만 갔었는데 런던에서 교회라니, 참 신기한 경험이었다. 교회 이름은 Haddon church였다. 예배도 한 달에 한 번만 이렇게 모여서 하는 곳이었다. 가족 중심 교회여서 매주 하는 기도들은 집에서 한다고 했다. 진짜 신기했다. 우리나라에서는 안 모이면 섭섭해할 텐데…. 근데 요즘 같은 비대면 시대에는 아주 잘 맞는 교회 같기도 하다.

무사 가족의 식사 에피타이져

예배 후에 점심 식사에 초대받았다. 어제 음식 대접해 준 게 너무 고마워서 초대하고 싶다고 했다. 나는 당연히 "Of Course, Sure!" 그리하여 무사네 할머니, 아빠, 동생, 학생1^{이탈리아에서 온 하숙생}과 같이 식사를 했다. '와 대박! 뭐야 이거~ 먹을거리 천국이다.' 닭고기, 돼지고기, 피자, 밥, 샐러드 등등…. 엄청났다. 진짜 원 없이 배부르게 먹었다. 그리고, 식사 과정이 매우 신기했다. 차 → 애피타이저^{피자} → 메인음식^{돼지고기, 닭고기, 쌀, 샐러드 등등} → 후식^{케이크, 아이스크림} → 차 이렇게 먹고 나니 3시간이 지나 있었다. 식사가 하나의 가족 모임 시간이라는 개념 같았다. 우리는 가족끼리 모여 있어도 주로 TV 보면서 딱 밥만 먹고 일어나서 한 15분 정도면 바로 자기 할 일 하러 가는데 여긴 달라도 너무 달랐다. 이런 문화는 배워야 한다는 생각이 들었다.

카우치 서핑 너 좀 어렵다?

런던을 떠나 스코틀랜드 에든버러로 향하는 날이었다. 카우치 서핑 숙소가 잘 안 구해지기도 하고 일단 친구들부터 만들자는 생각으로 그곳에서 며칠은 호스텔에서 묵기로 했지만, 그 이후 카우치 서핑 숙소를 구하기 위해 아침부터 전쟁을 치러야 했다. 잠깐 짬을 내서 런던 박물관에 갔지만, 조급한 마음에 거기에서도 카우치 서핑 Request를 엄청 썼다(카우치 서핑은 Host에게 Request를 보내고, 그 Host가 Accept을 해줘야 숙박을 할 수 있다). 이제 에어비앤비 이벤트 숙박 기간이 끝나고 방법은 카우치 서핑밖에 없었다. 처음이라 그런지 정말 답장도 별로 없고 막막하기만 했다. 그래도 내 나름의 최선을 다하려고 노력했다.

Hello Giorgio. Im giboem.

At first Glad to meet you

And Let me introduce you myself and my travel.

and I live in Dae-jeon in South korea~And I´m 24 years old. and I'm a university student. major is mechanical engineering. And I love music. Travel. cooking. And So I can play guitar and sing a song. And I can cook some korean foods.

And you can see my songs in youtube ID ███████

and this is my travel.

I had a plan meaningful travel for me. I think this travel makes me change my mind to meet people and helps me how live in this world. so, I have a plan to '80 days Europe travel' with my guitar. only me :D. and just a few money. I want to perform on street and meet many friends and talk about together.

And I want to notice korea culture. for example, korean language and korean foods(fried rice, boiled chicken etc). and then I want to know another culture (foods, songs, people etc) too.

yeah this is my travel info.

And I really wonder about your job. creative, concept designer. wow. amazing. I want to talk about that. And your music interests are so huge. I just know some popular msuician and korean musician but, yoy are so awesome. I want to learn about that too. And also I can show you my songs.

and if you want, I can teach you playing guitar. and some korea words too.

It will be great experience to you.

and I can cook some korean foods. so, we can share foods.

It will be delicious!!

well And I want to stay your flat. 3nights.

could you join my journey?

Thanks

Gibeom.

카우치 서핑 Request 글

『개명 전이여서 이름이 다르다. 현재는 기명』

그래도 어떻게 하면 상대방이 내 Request를 부담 없이, 흥미를 갖고 Accept 할 수 있을까 고민을 하면서 위와 같은 장문의 Request를 만들어 냈다. 간단하게 요약하자면 이렇다.

1. 간단한 자기소개

2. 나의 여행 소개 : 적은 돈으로 버스킹 하며 유럽 여행을 다니는 것

3. 내가 해줄 수 있는 것 : 노래 불러주기, 한식 해주기(볶음밥, 찜닭 등), 기타 가르쳐주기

한국에 돌아와서 호스트가 되어 짧고 성의가 부족한 Request를 받아보니, 입장 전환이 되면서 그때 정성스럽게 썼던 Request들이 Accept 확률을 높이고 좋은 호스트들을 만날 수 있었던 초석을 마련해 주었다는 생각이 들었다. 그리고, 이러한 노력이 재미있고 좋은 여행 시

간을 만들어주지 않았을까 생각해본다.

한바탕 카우치 서핑 Request 전쟁을 마치고 버로우마켓이라고 맛있
는 걸 많이 파는 유명한 곳으로 발걸음을 옮겼다. 그런데! 이제 4시 반
인데 다들 퇴근할 준비를 하고 있었다. 다큐에서만 봤던 워라밸에 나는
큰 충격을 받았다. '무슨 4시 반에 집에 가지? 음식점이 4시 반에 문을
닫는다니⋯.' 여행객 입장에서는 다소 아쉬운 일이었다. 하지만, 유럽에
선 그게 일상이다. 특히 시장이기 때문에 더 빨리 닫는 것 같았다. 그래
서 길에 지나가는 할머니께 여쭤봤더니 시장은 아침부터 오후 정도 까
지만 하고 집에 간다고 하신다. 정말 여유로운 곳이다. 아쉬운 마음에
뭐라도 경험해야겠다는 생각이 들어서 저렴한 치킨 리조또 같은 것을
사 먹었다. 그런데 향신료 맛이 너무 강하고 끝나갈 무렵이라 그랬는지
떨이로 음식을 좀 많이 주셔서 맛이 별로였다. 역시 한국 음식이 제일
맛있다. 그래서 돌아오는 길에 바로 한인 음식점 가서 신라면을 몇 개
더 사뒀다.

집에 돌아와서, 무사 형과 작별 인사를 하고 다음 목적지인 에든버러
로 향하기 위해 Coach station으로 왔다. 가는 김에 근처에서 공연할
수 있을 거라고 생각했는데 주변엔 정말 아무도 없었다. 정적 그 자체
였다. 다들 피곤하게 버스만 기다리고 있을 뿐이었다. 그래서 마음 놓고
그냥 야간버스를 기다리며 하루를 마무리했다.

스코틀랜드

01. Edinburgh 고행길인가? 그래도 좋다

멘붕이었다. 내가 탔던 야간버스 Megabus는 정말 너무너무 불편했다. 뒤로 젖혀지는 각도도 한 2도 정도 되는 느낌이었다. 심지어 오는 길 중간에 바퀴가 터졌다. 탄 냄새가 났고, 고속도로 위에서 한 시간 정도 서 있다가 다른 버스로 갈아타기도 했다. 갈아타면서 소중히 쓰던 안대도 잃어버릴 정도로 정신없었다. 그 사건으로 새벽 중에 같이 가던 동행자랑 이야기를 하게 됐는데, 내 여행 이야기를 듣더니 꼭 한 번 자기 집에 초대해서 식사도 하고 노래도 듣고 싶다고 하셨다. 목적지가 나와는 너무나도 달라서 아쉽지만 다음에 보자고 에둘러 말하며 대화를 마무리했었다. 뜻하지 않은 곳에서도 여행할 기회가 많겠다는 생각이 들었다. 모르는 사람이지만 조금만 얘기해보면 좋은 사람이 많다는 걸 느낄 수가 있었다. 다음엔 이런 기회가 있으면 무계획으로 그냥 가보는 것도 나쁘지 않겠다고 생각했다.

우여곡절 끝에 에든버러에 도착해서 편하게 쉬고 싶은 마음에 Hostel부터 찾아갔다. 그 호스텔은 카우치 서핑에서 알게 된 친구가 자신이 거기서 일한다며 오라고 한 곳인데, 1달 전부터 여기로 오면 첫날은 무료고 둘째 날은 £5만 받는다고 했었다. 그러나 역시… 그녀는 그 이유로 잘렸단다. 답장도 없었다. 무책임한 그녀… 너무했다. 사실, 내가 너무 순순히 믿은 게 잘못이기도 했다. 어느 누가 생판 모르는 사람에게 그런 호의를 베풀겠는가? 또 한번 인생의 진리를 배웠다. 결국, £17^{₩27,000}를 내고 체크인했다. 카우치 서핑 호스트를 언제 구할 수 있게 될지 몰라서 일단, 하루치만 결제했다. 호스텔에서 체크인 후에

Wifi를 원 없이 써봤다. 정말 구세주 같은 호스텔이었다. 그러고 나서 저녁에 있을 버스킹 연습을 하러 밖으로 나왔다.

에든버러에 있는 모든 건물은 굉장히 기풍이 있어 보였다. 산의 광활한 성벽과 오래된 건물들이 자연과 어우러진 모습은 장관이었다. 그 속에서 쉬면서 연습을 하고 싶었다.

그중 가장 풀숲이 예쁘고 강물도 보이는 Princess street garden에서 Oasis와 Coldplay의 노래를 연습했다. Coldplay의 'Yellow'의 한 소절을 부르자 러닝을 하던 부부가 엄지척 해주며 달려가시기도 하고, 노래를 부르는 중간중간에 아이들이 와서 춤을 추기도 했다. TV, 유튜브 속에서나 보던 일들이 나한테 펼쳐지다니 믿기지 않는 시간이었다. 심지어 외국인들이 말이다. 그래서 나도 모르게 아이 어머니한테 아기 눈이 너무 예쁘다고도 얘기해주고, 아이들이 좋아할 만한 'I'm Yours - James Mraz'도 신나게 불러주기도 했다. 언제 또 이런 곳에서 이런 마니 공연을 해보겠는가?

푸르른 Princess street garden 전경

어찌 보면 JTBC 비긴어게인보다 5년 먼저 나만의 비긴어게인을 한 것이다. 이때는 2014년도여서, 유럽에서 한국인이 버스킹 한다는 게 생경한 때였다. 그러한 특별한 추억이어서인지 돌아와서 취업하고 일상에 치여 있을 2019년도, JTBC에서 비긴어게인을 방영했을 때 얼마나 반가웠는지 모른다. 내가 공연했던 모습이 헨리, 수현, 박정현 등 출연진들이 그 이국적인 장소에서 펼치는 공연과 자연스럽게 겹쳐지면서 눈물이 날 정도로 기뻤다.

연습 후, 5시 즈음에 근처에서 공연하기로 결정했다. 주위를 둘러보다가 호스텔 근처 Waverly 역 근처에서 하는 게 좋을 것 같았다. 유동 인구도 꽤 많고, 전철역, 버스정류장도 있고, 분수도 있어서 노래 부르기에 안성맞춤이었다. 그 앞에 있는 버스정류장 근처에 자리를 잡고 시작했다. 근데 내가 공연을 시작하자마자 시간이 갈수록 유동 인구가 급속도로 줄어들었다. 아마 퇴근 시간 직후였던 것 같다. 그래도, 끝까지 해야겠다는 생각에 계속 노래를 부르는 중에 고등학생으로 보이는 남자 2명이 내 노래를 유심히 들어주기 시작했다. Knocking On Heaven's Door, Creep을 들려줬는데 너무 좋다며 혹시 이 노래를 아냐고 내 악보에 적어줬다. 'Johny Be Good'이라는 노래인데 완전 컨트리송으로 엄청 신나는 명곡이었다. 엘비스 프레슬리, 콜드플레이도 커버한 노래로 인생에 한 번쯤은 들어보는 걸 추천한다.

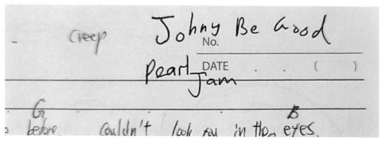

손수 적어 준 추천곡 Johny Be Good

이거 다음에 연습해서 부르면 진짜 좋을 거 같다고 진심 어린 마음으로 나에게 얘기해준 모습이 눈에 선하다. 같이 사진 한 장 못 찍은 게 아쉽다. 그래도 그 이후에 관심 가져주는 산책하던 아저씨와 강아지, 꼬마 아가씨들 등 여러 사람이 응원도 해주고 박수도 많이 쳐줘서 1시간 반 동안 재미있게 공연을 마칠 수 있었다.

그 결과는~ 두구두구! £7이었다. 엊그제와 너무 달라서 약간 실망하기도 했지만, 그래도 아예 없는 것보다는 훨씬 잘한 것 아닌가? 한국 돈으로 쳐도 만 원이 넘는다.

그리고 너무나 감사하게도 호스텔에 돌아와서 확인해보니 카우치 서핑에서 Request를 보냈던 분들 중 Olive라는 여자분한테서 연락이 왔다. 괜찮으면 내일 와도 된다고… 내가 왜 마다할쏘냐, 무조건 가기로 했다. 내일 CS Meeting(카우치 서핑 Meet up 프로그램으로 여행을 좋아하는 사람끼리 만나서 이야기하는 모임)에서 같이 만나서 집에 가기로 했다. 와, 신이 돕는구나. 생각이 들었다. CS Meeting 모임 시간 전까지는…

02. 설레는(?) 첫 카우치 서핑 날

어제 Olive의 Request 승낙을 보고 카우치 서핑을 해냈다는 생각에 너무 기쁘고 뿌듯한 마음으로 호스텔을 떠날 준비를 했다. 처음으로 하는 카우치 서핑은 설렘으로 가득했다.

설레는 마음으로 호스텔 체크아웃을 하고 길을 나섰다. 오늘은 관광지 위주로 버스킹을 하기로 생각해서 에든버러 성으로 무작정 향했다. 그곳을 가기 위해서는 Royal Mile이라는 길을 통해서 올라가야만 했다. 지금 미국에서 쓰는 Mile의 단위가 이곳에서 나왔다고 한다. 로열마일이 약 1.6km의 길이를 가진 길이고, 그 유래가 로열 마일인 것이다.

에든버러 성 전경

이렇게 멋있는 곳에 왔으니 정점을 찍어봐야지? 그러나 큰 벽이 기다리고 있었다. 입장료가 £16^{W25,000}였다. 나에겐 가당치 않은 입장료였다. 비싸도 너무 비싸다. 이 가격이면 진짜 맛있는 음식을 사 먹을 수도 있고 심지어 호스텔 1일 값이다. 순간 판단했다. '나 같은 버스커에겐 사치다. 그냥 버스킹이나 하자.' 바로 실행에 옮겼다.

Royal Mile에서 성으로 들어가는 입구 쪽에 좋은 자리가 있어서 앉아서 버스킹을 시작했다. 열심히 준비한 노래들을 불렀지만, 사람들은 시선만 줄 뿐 쌩쌩 지나가 버렸다. 30분 정도 했을 때 어떤 아주머니가 50 Pence 주시고 가셨다. 우리나라 돈으로 350원 정도 됐으려나? 오기로 더 해보려고 하는 찰나에 옆에 있던 아이스크림 가게 점원이 시끄럽다며 다른 곳으로 가달란다. 너무해~ 그래도 "넵, 알겠어요." 하고 바로 옮겼다. 그래도 정중하게 얘기해줘서 고마워요!

그 길을 타고 내려오다가 멋진 성당을 발견하고는 구경하고 기도도 했다(평소엔 한 번도 안 하다가 여행 때는 성당에서 기도를 진짜 많이 한 것 같다. 오래된 성당이 많아 주된 관광지 중 하나였다). 그러고는 마음을 달랠 겸 그 앞에 있는 벤치에 앉아서 연습했다. 옆 벤치에 어느 중년 부부가 앉길래 노래 연습 중인데 평가 좀 해달라고 했다. 'All Of Me - John Legend', 'Yesterday - Beatles', 'Now And Forever - Richard Marx'를 불러드렸다. 캐나다에서 오신 Dave와 와이프분이셨는데, 목소리가 너무 따뜻하고 아름답다며 좋아해 주셔서 내가 더 감사했다. 버스킹으로 돈은 못 벌었어도 노래를 불러드리고 다른 이들에게 기쁨을 줘서 만족스러웠다. 확실히 이렇게 생각하고 노래를 하는 게 마음도 편하고 더 즐겁다.

Calton Hill 유적지

이후엔 목 상태도 별로여서 또 버스킹을 하진 않고 구경을 하기로 했다. Calton Hill이라는 곳에 갔다. 전쟁기념관과 좋은 전망이 있다길래 찾아갔다. Wow! 전망 대박! 와 어떻게 이런 전망과 유물들이 남아 있을 수가 있지? 전망에 감탄하면서 어슬렁거리던 찰나!

셀카봉으로 사진을 찍고 계신 여성분을 발견했다. 누가 봐도 한국인이었다. 나는 반가운 마음에 다가가서 "한국인이시죠?"라고 했더니 엄청 깜짝 놀라셨다. 나를 일본인으로 아셨던 걸까…? 내가 좀 일본 사람처럼 생기긴 했지만.

그 누나는 서울에 살고 일을 그만두시고 여행을 왔다고 했다. 여행오기 전에 읽었던 책들처럼, 일을 그만두고 여행을 하시는 분들이 많았다. 그때 당시 일을 해보지 않은 나로서는 어떤 마음으로 왔을까 궁금하기도 했다. 그래서 같이 산책을 하며 이야기를 나누다가 쌀쌀한 날씨엔 커피라며 카페에 가게 됐다. 배도 고파서 샌드위치랑 커피를 시켰다. 그런데 천사 같은 누나가 그 음식들을 다 사주셨다. 무전여행에 가까운 여행을 하는 나에게는 너무나 큰 베풂이었다. 너무나도 감사했다. 무전여행 중이어서 돈이 없다던 나에게 따뜻한 정을 베풀어주셨다. 그 은혜를 꼭 갚기로 했었는데… 연락이 닿질 못했다. 지금이나마 이렇게 책으로라도 감사의 인사를 전한다.

그리고, 전날 연락한 카우치 서핑 호스트 Olive를 만나기 위해 CS meeting^{카우치 서핑 미팅}을 갈 채비를 했다. 가는 길에 길거리 공연하는 팀을 봤는데 스코틀랜드 전통악기에 현대 악기를 접목시켜서 퓨전으로 공연하는 것이 색달랐다. 그 공연에 매료되어 배낭 메고 걸어가다가 앉아서 한참을 보다 자리에서 일어날 수 있었다.

스코틀랜드 퓨전 악기 버스킹 『한동안 넋 놓고 보게 되었다』

CS Meeting에서 인도인, 스페인 커플 등등 많이 만났다. 심지어, 카우치 서핑에서 나한테 사기 쳤었던(호스텔 싸게 머물 수 있게 해준다던) Ellen이라는 여자애도 왔다. 난 단번에 알아봤다. 사실 걔도 날 알아본 것 같았다. 하하 운명의 장난이라던가… 난 그냥 모르는 척해줬다. 그런데 내 첫 호스트가 될 Olive는 얼굴이 보이지 않았다. 연락 오겠거니 생각하고 다양한 사람들을 만나고 얘기를 많이 나눴다. 영어로 미친 듯이 얘기해야 하는 상황이었는데 모임이 끝나고 나서는 나름 뿌듯했다. 내가 이곳에서 생존했어! 이런 느낌? 그리고, 좋은 친구들도 많이 만나서 좋았다. 코로나 시국엔 불가능하지만, 그 이후가 된다면 카우치 서핑을 이용해서 여행하는 것을 무조건 추천해주고 싶다.(CS 이벤트, 주간 미팅 등이 주로 진행되며 이외에도 다양한 모임들이 존재한다).

한창 미팅에서 얘기하고 있을 때 Olive에게 청천벽력과 같은 메시지가 왔다.

"몸이 안 좋아서 미팅은 못 갈 것 같고, 호스트도 못 할 것 같아. 미안…. 혹시 정말 잘 곳이 없으면 다시 연락주길 바래."

'이게 뭐지… 마른하늘에 날벼락!'

나는 그 미팅에 있는 사람들에게도 물어봤지만 다들 불가능했다. 지푸라기라도 잡는 심정으로 '미안한데 난 너만 믿고 온 거라서… 정말 어렵겠니?'라고 했더니 한 시간 뒤에 간신히 승낙 메시지를 받을 수 있었다. 와, 진짜 이게 여행이구나. 메시지를 기다리는 1시간 내내 롤러코스터를 타는 것 같았다.

Olive의 Flat원룸 같은 공간에 도착해서는 그녀의 Flatmate플랫메이트들에게 인사를 하고 Olive의 속사정을 들을 수 있었다. 독한 감기에 걸려서 하루 종일 누워 있었다고 했다. 한편으론 미안하기도 하고, 나는 어차피 구석에서 자는 거니 괜찮다고 했다. 한국에선 도저히 이해할 수 없는 상황일 것이다. 여자 숙소에서 외국인이 들어와서 잔다니!? 하지만, 유럽에선 너무나도 일상적인 일이고 자유로운 분위기가 참 신기했다. 오히려 내가 긴장했었는데 노래를 작게라도 불러 달라는 요청에 노래를 부르며 편안해졌다. '잊어야 한다는 마음으로 - 故김광석'를 불러줬는데 너무 고마워했다. 이 아름다운 순간을 놓칠 뻔했다고 한편으로 미안하다고 말해주기도 했다. 그리고 Olive는 '원제스님'이라는 사람을 만났다고 신나서 나한테 보여줬는데 그분은 내가 봐도 진짜 신기했다. 그 스님은 약간 글로벌 스님처럼 세상을 여행하면서 교리를 전파하는 스님 같았다. 나중에 한 번 만나 뵙고 싶어서 연락드렸으나 부재중…. 안타깝게도 연락이 되지 않았다. 스님 어디 계시나요?

롤러코스터 같은 하루를 보낸 후 이런 생각이 들었다. 참 여행은 알 수 없다. 난 이 물결에 내 몸을 맡겨야겠다. 여행을 통한 이 작은 깨달음은 나의 마음을 한층 성장시켜줬다고 생각한다.

03. 음악의 도시로 가는 Music Road

에든버러에서 음악의 도시 더블린으로 이동하는 날이었다. 그런데, 호스트가 연락이 잘 안 됐다. 걱정이 앞서긴 했지만 예약해놨으니 일단 가보자는 생각으로 움직였다. 어제의 구세주 호스트 Olive와 작별을 하고 가볍게 동네 구경을 하고 버스터미널로 향했다.

버스를 타면서 생각했다. '아… 비행기 안 타고 여행하려니 힘들구나' 비행기로는 1시간 정도인 거리를 하루 종일 가야 한다니… 무려 버스 - 페리 - 버스 여정이다. 에든버러에서 글래스고까지는 버스로, 글래스고에서 벨파스트까지는 페리로, 벨파스트에서 더블린까지 또 버스로 이동하는 장장 12시간의 이동이었다. 그래도 언제 해보겠냐 하는 생각으로 이 여정을 즐기기로 마음먹었다.

페리에 오를 때는 Josh라는 친구를 만났다. 한국 나이로 18살인데, College를 다닌다고 했다. 덕분에 페리에서 편안하고 재미있게 이야기하며 갈 수 있었다. 좌석이 정해진 게 아니라 엄청 큰 곳에 아무 곳이나 앉아도 됐다. Josh랑 얘기하다가 여자친구 있냐고 물어봤더니, 남자친구 있다고 대답을 했다.

잘생긴 Josh 『지금 봐도 겁나 잘생겼네…』

'?!'

난 뭔가 싶어서 "Pardon?(응?)"이라고 대답했더니 웃으면서 남자친구라고 다시 말해줬다. 그래서 당황하지 않은 척 "오 좋네…."라고 답했다. 나는 사실 게이를 만난 게 처음이라 굉장히 당황했었다. 근데 엄청 일반적이고, 심지어 잘생기기까지 해서 더 놀라웠다. 유럽은 게이에 대해서 인식이 엄청 개방적이고, 보편적이라고 느껴졌다. 우리는 성소수자들을 배려한다고 이야기하지만 사실 유럽에서는 마치 하나의 문화로 당연하게 생각하는 모습이 인상적이었다. 그에 비해 우리나라는 '배려'라는 말로 에둘러서 성소수자들을 위하는 '척'하는 모습이 더 강하지 않나 생각이 들었다. 비록 나는 성소수자는 아니지만, 개인의 취향을 진정으로 인정하기 위해서는 언젠간 우리나라도 유럽처럼 성소수자를 배려한다기보다 당연시 여겨야 하는 사회가 되어야 하지 않을까 조심스레 생각해봤다.

그렇게 얘기를 나누다가 다행히도 연락이 안 됐던 호스트한테서 연락이 왔다.

'휴우~'

그렇게 안도의 한숨을 내쉬며 더블린에 도착해서 호스트인 Tadeo 네 집까지 가는 버스에 몸을 얹었다.

멕시코 국기를 같이 들고 찰칵 『최소 멕시코 홍보대사』

간신히 도착한 Tadeo네 집. 와! 생각보다 너무 좋았다. 이층집으로
되어 있고, 고급스러운 식당 가전기기들, 집 뒤에 정원, 집 앞에는 넓은
공터가 펼쳐져 있었다. 이게 학생들이 사는 집이라고?! 부자집 도련님
인가 보다. 집에 와서 인사를 하니, Tadeo가 먼저 기념사진을 같이 찍
자고 했다. 카우치 서핑에 올리고 싶다고 했다. 또 이야기해보니 이 셰
어하우스는 전부 멕시코에서 온 학생들이 사는 곳이었다. 대다수가 일
을 하다가 영어 공부를 하기 위해 유학 온 분들이었다. 그래서인지 다들
영어가 엄청 유창하진 않았다. 나도 유창하진 않은데 오히려 좋지! 말
은 잘 안 통해도 서로 여행 좋아하고 음악을 좋아하는 걸 느낄 수 있었
다. 알고 보니 게스트를 많이 안 받았는데 내 여행 컨셉이 너무 재밌어
보여서 Accept 했다고 한다. 크으! 온몸에 소름이 돋았었다. 이런 여행
을 하고 있다니 너무 감사했다. 그리고, 이곳에서 보낼 하루하루를 기대
했다. Once 영화에도 나왔던 음악의 도시 더블린! 아닌가?

01. 흥나는 더블린

이 부잣집에서 처음 자본 소감은…

추웠다. 너무 추웠다! 큰 거실에서 나만 덩그러니 있으니 너무 추웠었다. 추위와 싸우다가 내복을 챙겨 입었다. 그러고 나서 아침을 먹으려고 부엌에 들어오니 집 밖의 풍경이 보였다. 보자마자 전날의 추위가 싹 가셨다. 너무 아름다웠다. 정말 아름다운 주택들과 아름다운 정원. 이곳이 정녕 학생들의 집이란 말인가?

밥을 여유롭게 챙겨 먹으면서 네이버 카페 '유랑'에서 더블린에서의 동행을 구해봤는데 운 좋게도 참 좋은 사람을 찾을 수 있었다. '미래'라는 대학생이었는데 나처럼 길게 여행하는 친구였다. 여행한 기간도 나랑 비슷해서 이야기가 잘 맞았다. 둘 다, 기네스 맥주에 관심이 있어서 결국 같이 가기로 한 곳은 기네스 공장 견학이었다. 기네스 맥주가 만들어지는 과정이 순서대로 층마다 나열되어 있었다. 가이드들도 붙어서 설명을 해주는 것 같은데 사실, 큰 흥미를 못 느꼈다. 오로지 우리의 최종 목적지는 옥상이었다. 왜냐하면 무료 Pint 한잔을 무료로 주는 곳이 있었기 때문이다. 남들과는 다르게 아주 빠르게 등산하는 것처럼 열심히 올라간 뒤, 마지막으로 기념사진을 찍고 정말 맛있게 맥주를 먹었다. 와 이거 왜 이렇게 맛있지? 맥주가 정말 맛있던 때는 이때가 처음이었다. 본 고장이어서 그런 건지, 생산공장에서 먹어서인지 모르겠지만 하나도 역하지 않고, 정말 부드럽게 넘어갔었다. 그렇게 옥상 라운지에서 맥주를 마시면서 미래에 대해서도 조금 더 알게 되었다. 경북대를 다니고, 혼자 여행한 지는 얼마 안 됐었다. 여자 혼자서 여행하기 쉽지 않을

텐데 진짜 대단하다는 생각이 들었다. 나도 며칠 안 되긴 했지만 혼자 여행해본 선배로서(?) 여러 팁을 알려주기도 하고 나의 여행 컨셉 이야기하면서 버스킹 얘기를 나눴다. 그래서인지 진짜 고맙게도 버스킹에 같이 와서 사진도 찍어준다고 했다. 너무나도 고마웠다.

Temple Bar 근처에 가서 버스킹을 시작했다. 미래가 대포만 한 사진기를 들고 와서 사진도 찍어줬다. 공연을 하다 보니 나랑 기념사진 찍자고 하는 형님들도 있었고, 수고한다며 큰돈을 주신 한국 아저씨도 있었다. 특히, 故 김광석 님의 '서른 즈음에'를 불러드리니 5유로를 선뜻 내어주셨다. 진짜 짜릿한 순간이었다. 그리고, 내가 공연하는 자리 옆에서 캐리커처를 그리는 Andrew라는 친구가 있었는데, Andrew는 공짜로 내 모습을 그려주겠다고 했다.

그리고, 옆에서 사진 찍어주던 미래까지도 그려주겠다고 했다. 둘 다 기분 좋아졌다. 심지어, 버스킹 팁이라고 나한테 2유로 줬는데 나는 다시 돌려줬다. 캐리커쳐 그려줘서 고맙다는 의미로 말이다. 그렇게 훈훈한 분위기의 버스킹을 마치는가 싶었는데…. 버스킹 한 돈을 도둑맞을 뻔하기도 했다. 집시 아저씨였는데 나한테 말 거는 척하면서 돈이 놓여 있는 기타 가방 쪽으로 스윽 손이 가는 게 뻔히 보였다. 나는 정색하며 'What are you doing now?' 했더니 바로 꼬리 내리며 도망갔다. 참 이상한 도둑이다 싶었다.

버스킹 후에는 에든버러에서 갔던 것처럼 카우치 서핑 미팅을 갔다.

Templebar Buski

Czech Inn이라는 Pub에서 했는데 거의 처음으로 도착해서 다른 사람들을 기다렸다. 먼저 맥주 시키려고 영어로 얘기하다가 미래한테 뭐 먹을 거냐고 물어봤는데, 종업원이 갑자기 한국말로 "아~ 한국인이시네요"라고 해서 완전 깜짝 놀랐다. 엄청 반갑기도 하고, 기분 좋았다. 좀 더 마음 편하게 카우치 서핑 미팅에 참석할 수 있었다. 진짜 다양한 사람들과 금방 친해진 것 같다. 기타와 미니 앰프가 있다 보니 가능한 일이라는 생각이 들었다. 덕분에 미래도 편하게 잘 놀았다고 해줘서 고마웠다. 모임을 했던 사람들에게 Bryan Admas의 Heaven 노래를 불러주니 진짜 좋아했다. 또 Richard Marx, 10cm, 김광석 님 노래들도 참 진지하게 들어줘서 너무 고마웠다. 와, 이렇게 음악을 할 수 있어서 참 행운이라고 생각했다. 그리고, 이런 모임으로 영어 실력도 높일 수 있다니 1석2조였다. 그리고, 음악의 도시여서 그런지 여기에 참석한 사람들 모두 음악을 너무 좋아했다. 기타도 칠 줄 알고, 노래도 많이 배웠다. 캐나다 여신 같은 아주머니, 미국인, 더블린, 스페인 가릴 것 없이 모두 좋은 사람들이었다.

카우치 서핑 미팅에서 내 기타를 치는 James형

그리고, 기념사진 찍고 싶어서 셀카봉 보여줬더니 James라는 형이 진심 깜짝 놀라면서 "What the f**k korea"란다. 정말 너무 웃겨서 한참을 웃었다. 이때만 해도 외국인에게는 아직 셀카봉이 생소한 때였다. 근데 웬 외국인이 셀카봉을 들고 사진 찍으니깐 진짜 신기했나 보다. 이후에도 어디를 가든 셀카봉만 들면 다들 웃어주곤 했다. 국뽕이 차오르는 시점이었다.

02. Enjoy your Travel!

하루는 아침에 일어나니, Tadeo가 아침 식사로 따스한 햄, 달걀 스크램블을 만들어줬다. 토스트랑 같이 먹으니 금상첨화였다. 여행에서 외국인 친구가 밥을 해준다니… 역시 카우치 서핑의 묘미는 이런 따뜻한 정이 아닌가 싶다. 서로 가족처럼 대해주는 이 기분. 나는 정말 Lucky Guy인 것 같다.

어제 만났던 미래를 다시 만나게 됐다. 미래가 전날에 호스텔에서 만난 좋은 언니가 있다고 그랬는데 드디어 같이 볼 수 있었다. 은영 누나. 완전 동안이셨다! 타지에서 한국 사람들을 만나니 너무 반가웠다. 한국인 셋이서 신나게 더블린 시내를 걷는다니 뭔가 영화에 나올 법한 장면이었다. 음악과 맥주의 도시여서 그런지 더블린의 저녁은 광란이었다. 여행은 역시 흥이 나야 해! 그리고, 아일랜드 Football 결승전 날이어서 더 난리가 났었다. 덕분에 Pub에 사람들이 다 꽉 차서 슈퍼에서 맥주를 사서 길거리에서 먹기로 했다.

그렇게 거리를 돌아다니다가 다리 한복판에서 작은 콘서트를 열었다. 이때부터는 바닥에 앉아서 하지 않고 벤치에 앉아서 하기 시작했다. 바닥에 앉아서 할 때보다 훨씬 편했다. 마치 내가 성장한 느낌에 어깨가 으쓱해졌었다. 두 분을 위한 공연을 시작했다.

Sunday Morning
일요일 아침에는 비가
언제나 너와 함께 해
하얀 구름들이 우릴 감싸네요
서로의 사랑을 나누며―

이렇게 한국어로 이해하기 쉽게 바꾼 노래를 부르기 시작했다. 그 이후로, '서른 즈음에 – 故김광석', 장범준 님의 '꽃송이가', '여수밤바다' 등등 다양한 노래를 불렀다. 지나가던 관광객들도 옆 벤치에 앉아서 리듬을 같이 타고, 박수도 같이 치며 그 순간만큼은 서로가 하나가 된 기분이었다. 공연이 끝나고 처음 노래를 들은 은영 누나는 목소리가 너무 좋다며 칭찬 샤워를 해주셨다. 어떻게 보면 나도 악보를 안 보고 처음 했던 작은 공연인데 떨리기도 하면서 두려움을 이겨냈다는 뿌듯함이 매우 크게 느껴졌다.

노래를 들은 누나가 여기는 꼭 가보라며 영화 Once에 나온 Graft거리, 그리고 트리니티 College도 소개해주셨다. 음악의 도시답게 버스커들도 많았다. 근데 생각보다 잘한다 싶은(?) 사람들이 많이 없었다. 진또배기는 주말이 돼야 볼 수 있는 건가… 아쉬웠다. 나에겐 더블린에서의 주말도 있으니 괜찮다고 생각하며 스스로 다독였다. 미래랑 은영 누나는 내일 다른 곳으로 떠난다고 해서 매우 아쉬웠다. 또 볼 기회가 있겠지! 생각했는데 진짜 다른 나라에서 또 볼 기회가 생겼었다. 진짜 인생이란 어떻게 될지 모르는 것 같다.

두 분의 더블린에서의 마지막 밤을 즐기기 위해 Pub을 가기로 했다. 다리 위에서 작은 공연 전에 미리 알아봤던 곳이 있었는데 저녁 8시에 가니 사람이 더 꽉 찼다. 심지어 밖에서 서서 먹는 사람이 대다수였다. 그래서 어쩔 수 없이, 어제 CS미팅을 했던 Czech Inn Pub으로 다시 갔다. 기네스를 위해 €5^{₩6,500}쯤이야. 근데 문제는 당연히 버스킹 하면 돈 벌겠지라는 생각으로 €5만 가져왔다. 맥주만 마실 수 있었다. 여기선 여유롭게 맥주 마시면서 시간을 보낼 수 있었다. 그리고 은영 누나는 우리가 진짜 멋진 청년들이라고 계속 칭찬해주셨다. 누나, 네. 저랑 미래는 멋진 걸로! 대한민국에 이런 사람 많다구요!~

그리고 여유롭게 먹고 있는데 누구지? 어디서 많이 본 사람인데? 어딘가 익숙한 얼굴이 보였다. 자세히 보니 전날 CS 미팅에서 본 James였다. 어제 제일 웃기고 셀카봉 꺼냈을 때 "What the f**k"이라고 했던 그 형이다. 더 웃긴 건 어제 아이폰도 잃어버렸단다. 얼마나 마신 거지? 덕분에 우리의 더블린에서의 하루 마무리를 웃으며 마무리할 수 있었다.

집에 돌아오니 Tadeo가 Flatmate인 Andrea와 함께 저녁을 준비하고 있었다. 밤 11시에 말이다. 그래서 야식 아니냐고 물어보니, 멕시코는 이게 일상이라고 했다. 근데 여긴 더블린인데? 아무튼 나도 너무 배고파서 한 입만 달라고 했다. 직접 구운 피자 한 조각을 먹었는데 엄청 맛있었다.

여행을 통해서 사소한 것 하나하나가 다 소중한 추억이고, 신기한 경험들이라는 생각을 하게 되었다. 어쩌면 지금 이렇게 책을 쓰고 있는 이 순간도 언젠가는 소중한 경험이 아닐까?

03. 호스(Hawth)에서의 짜릿함

어제 미래랑 은영 누나랑 이야기하다가 Hawth라는 곳에 사람도 많고 버스킹하는 사람도 있다고 해서 기대를 했다. 점심을 먹고 오후 3시에 출발을 했다. 그런데 얼레? 비가 온다. 이거 뭐지…. 느낌이 안 좋다. 그렇지만 '못 먹어도 고!'라고 생각하며 일단 갔다. 4시쯤에 Hawth에 도착했다. 다행히 비는 그쳤다. 흐린 날씨였다.

버스킹을 어디서 할까 고민하다가 전날 미래가 보여준 버스킹 사진을 기억해냈다. 다른 버스커가 있어야 할 자리 같았지만 없었다. 긴가민가했지만 그 사진을 믿고 시작했다. 오늘은 나에게 있어 특별한 날이었다. 마치 인류가 기어 다니다가 서서 다닐 수 있게 된 것처럼, 나도 버스킹을 서서 하기 시작했다. 오히려 자세가 편하니 노래도 잘 되고 자신감이 붙었다. 틀려도 안 틀린 것처럼 부르고 느낌대로 버스킹을 할 수 있었다. 노래 부르면서 하늘도 보고 바다도 보고 지나가는 사람들한테 인사도 했다. 뭐니 뭐니 해도 애기들이 춤춰줄 때가 제일 기분 좋았다. 가장 순수한 아이들이 음악을 듣고 주변 의식 없이 자신을 표현하는 것 아닌가? 너무 고맙기도 했다. 심지어 강아지들도 내 근처로 와서 비비적거렸다. 귀여워~! 마음을 비우고 버스킹을 해서 그런지 수입도 지금까지 중에 최고인 €26^{W35,000}였다. 사람들이 거의 다 떠나기 시작한 5시 반까지 계속했다. 앉아서도 하고 서서도 했다. 그리고, 어떤 아이리쉬 청년들이 한 곡만 부를 테니 기타를 빌려달라기도 해서 같이 춤추면서 놀기도 했다. 참 신나는 버스킹이었다.

요트가 있는 곳에서 셀카도 찍었다. 셀카봉으로 찍으니깐 역시나 다들 관심을 갖는다. 무척이나 신기한가 보다. "같이 찍을래요?"라고 물어보니깐 알려준 것만으로도 고맙다고 하셨다. 와! 말을 어떻게 저렇게 멋있게 하실까? 또 한 번 아이리쉬의 매너에 감탄했다.

버스킹 후에는 이 동네에서 유명한 Beshoff Bros 가게에서 Fish&Chips를 사 먹었다. €9^{W12,000}였다. 짜긴 한데 그래도 명물이라기에 맛나게 먹었다. 테이크아웃으로 판매를 해서 밖에서 먹었다. 벤치에 자리가 하나 남았길래 거기 앉았는데 바로 어떤 아주머니도 옆에 앉으셨다. 이란에서 오신 분이었다. 내 여행 얘기를 했더니 매우 흥미로워하셨다. 나도 참 신기한 게, 막상 외국에 나오니 옆에 있는 사람한테 말도 잘 걸 수 있게 되었다. 한국이었으면 이렇게 할 수 있었을까? 나 자신에게 놀란 날이었다.

집에 돌아오는 길에 버스를 타려고 기다리고 있었다. 이층 버스여서 2층으로 올라갔다.(신기해서 항상 2층만 탄 듯하다.) 근데 대박! Flatmate인 Andrea와 Alba가 내가 탄 버스의 2층으로 올라오는 것이었다. '이거 뭐야 이거! 우린 천생연분인가 보다.' 신기하기도 하고 흥에 겨워서 즐겁게 집으로 돌아왔다. 사람의 인연이란 참으로 신기하다고 느낀 하루였다.

호수에서 버스킹을 마치고

영국에서 모은 잔돈들!

하루는 아침부터 오랜만에 빨래도 기분 좋게 하고 널고 나가려고 했는데… 두둥! 갑자기 하늘에 구멍 뚫린 듯이 물이 쏟아졌다. 누가 양동이로 퍼붓는 줄 알았다. 아! 내 빨래들 ㅠㅠ 빨래를 정리하고 비가 좀 멎었다 싶을 때 버스킹을 하러 나갔다. 버스에 딱 오르니 비가 더 오는 느낌이었다. 하… 그냥 오늘 한식 대접할 때 쓸 식자재만 사 가자고 생각하고 포기했다. 그렇게 생각하며 버스에서 내려 걷고 또 걷다 보니 Irish 은행 앞에 비를 피할 곳이 있었다. 그 순간 '아 여기다!'라는 생각을 했다. 지금 생각해보면 대단한 것 같다. 그런 용기가 어디서 났는지… 기타 가방을 펼쳐놓고 버스킹을 시작했다.

하지만, 내 생각과는 다르게 사람들은 자기 갈 길을 바삐 갈 뿐이었다. 20분 정도 했을까? 나 스스로 공연하는 내 모습을 객관적으로 생각해보려 노력했다. 나는 비가 오는 날에 공연을 보고 싶을까? 다시 생각해보니 비가 오는 날에는 나라도 무의식 중에 기분이 찝찝하고 빨리 집에 가고 싶어 하겠구나 입장 전환이 되면서 이해가 되기도 했다. 더군다나 월요일 낮이어서 다들 여유가 없어 보였다. 그래도, 몇몇 분들이 웃어주고 박수도 쳐주며 갔다. 그리고, 어떤 사람은 엄지손가락도 치켜세워줬다. 이 엄지척은 진짜 아이들이 춤춰주는 것 다음으로 가장 기분이 좋았다. 비록 기타 가방에는 80센트밖에 없었지만, 나에겐 그 어떤 것보다도 값진 경험이었다. 오늘같이 씁쓸한 공연은 'Shape Of My Heart - Sting', 'Creep - Radiohead'처럼 잔잔하면서도 호소하는 듯한 분위기의 노래를 부르면서 마무리하면 스스로에게도 위안이 되고 기분 좋게 끝낼 수 있을 것 같았다.

그리고, 중간에 어떤 20대 청년 둘이 노래 불러 달래서 기꺼이 불러줬는데 비아냥거리면서 갔다. 어느 나라든지 저런 사람들은 다들 있구나… 더블린도 피해 가질 못했다.

버스킹을 끝내려고 노래를 마무리하자 놀리듯이 비도 그쳤다. 시치미를 딱 떼고 있는 구름이 못돼 보였다. 그래도 어찌하리… 주어진 것에 만족해야지요. '그래도 오늘 공연했다는 게 어디야?'라며 사뿐히 돌아섰다. 아까 못 본 트리니티 칼리지에 들러서 먹구름을 찍었다. 또 한 번 무사 형의 말이 생각난다. "버스커가 없으면 다 이유가 있는 것이다." 맞는 말이다. 월요일 낮에 어떤 버스커가 돈을 벌러 나오겠나? 그래도 난 돈 벌러 나온 게 아니었으므로 나름 만족스러웠다.

집에 와서는 또 다른 Flatmate인 Chris를 만났다. 다들 학원, 출퇴근 시간 등이 다르다 보니 만나기가 쉽지 않았다. Chris는 독일 사람이고 Andrea의 남친이다. 이렇게 이 셰어하우스에 사는 사람은 총 6명이었다. Wow! 저녁에 한식을 대접해주기로 했는데, 6인분이라니 부담감이 살짝 들었다. 살아생전 6인분 요리는 해본 적이 없었다. 동아리 MT 가서는 선배들이 음식 할 때 옆에서 보조하는 정도만 해본 것이 전부였다. 그래도 도전이다!

다 같이 모여서 먹는 볶음밥

제일 자신 있는 볶음밥을 준비했다. 야채 썰고, 냄비 밥 하고, 소시지 썰고, 샐러드를 준비했다. 역시나 혼자서 6인분은 좀 벅찼다. 다음부터는 같이 지내는 친구들한테 도와달라고 해야겠다. 괜히 혼자 할 수 있다고 했다가 고생을 너무 했다. 1시간 반 정도의 사투 끝에 무사히 준비를 마쳤다. 원래는 고추장 볶음면도 해주려고 했는데 너무 힘들어서 Pass. 다행히 다들 맛있게 먹어줘서 고마웠다. 그리고 다들 참기름과 김자반을 특히나 좋아했다. 매콤해서 그런가 독일인인 Chris는 잘 못 먹었다. 그래도 대부분 다 그릇을 싹싹 비웠다. 밥을 먹고 나서는 노래도 들려줬다. 'Creep – Radiohead', 'All Of Me – John Legend', 'Sunday Morning – Maroon5', '꽃송이가 – 장범준' 등등. 내 바로 옆에 있던 마르셀라가 참 좋아해 줬다. 그 순간엔 식당이 어느 더블린 거리의 Pub 부럽지 않은 공연장이었다. 나도 덩달아 기분이 좋아졌다.

공연이 끝나고 한참을 얘기하다가 한국에 대해 궁금한 게 있다며, 개고기랑 낙지를 먹냐고 물어보기도 했다. 그들에겐 너무나도 신기한 일인가 보다. 나는 장난삼아 막 맛있게 먹는 척도 했다. 그랬더니 아주 기겁을 해서 좀 귀여워 보였다. 그래서 그냥 하나의 문화로 봐 달라고 했다. 그러자 이렇게 물어봤다.

마르셀라 : "강아지는 자기 가족인데 어떻게 먹어?"

나 : "애완동물은 당연히 안 먹는다고, 살도 없고(?)… Just joke! 소나 돼지처럼 개도 가축처럼 기르는 곳이 있어."

마르셀라 : "아 그래도 그건 생각조차도 못 하겠는데..."

나 : "그래그래. 알았어~ 그래도 낙지는 먹어봐. 살아 있을 때 먹어야 건강에 좋아 얘들아."

다 같이 : "No~~!"

나 : "Just Joke, guys!"

한국에 대해 사람들이 강남스타일, 김연아, 김치 정도로 알아갈 정도였는데 실제로는 문화적인 부분과, 북한과의 관계를 진짜 많이들 궁금해했다. 낙지까지 물어볼 줄이야… 그건 진짜 신선했다. 우리나라처럼 식문화가 많이 발전한 곳이 없다는 생각도 들었다. 역시 사람은 시야를 넓게 가지고 볼 일이다. 덕분에 우리나라의 좋은 점들을 많이 느낄 수 있었다.

BOARDINGPASS

〜〜〜〜〜〜〜〜〜〜〜〜〜〜〜

FROM **UK**

TO **SPAIN**

FLIGHT **SUNBEEBOOKS**
OPTION **SONGINEER CLASS**
NAME **GENIUS**

NO.02
스페인

마드리드

01. 정열의 도시 스페인 마드리드!

더블린에서 마드리드로 넘어가는 날이었다. 아침부터 카우치 서핑을 하며 혼자 심각해졌다. Request가 모두 Declined[거절]됐다. 참패였다. 참 쉽지 않았다. 그러더니 이번 목적지인 마드리드 호스트 David는 갑자기 집에 나타나지 말라는 메시지를 보냈다. 이거 뭐야 삼재야? 뭐야~ 비행기까지 다 예약되어 있는 마당에 오지 말라니 충격이었다. 하지만, 알고 보니 내가 아침에 온다고 착각해서 보낸 메시지였다. 천만다행이었다. 지금은 아무것도 아닌 해프닝으로 보이지만 당시에는 정말 나의 숙박이 불투명해질 수 있는 상황이라 정말 다급했었다. 하지만, 나중에 이야기를 나눠보니 David도 영어를 배우는 입장이어서 이해와 표현이 다소 서투른 부분이 있었다고 했다. 나는 3일간 묵을 수 있게 됐다고 안심하며 공항으로 향했다.

공항에서 출발하기 위해 기다리는 와중에 내 옆자리에 스페니쉬 꼬맹이가 앉았다. 그녀의 이름은 Martha. 정말 귀여웠다. 완전 잘됐다! 스페인으로 2주 정도 있을 예정이라서 한창 스페인어를 공부해야겠다고 생각하고 있었기 때문이다. 5개 국어 여행 회화책을 펼치고 Martha에게 발음 어떻게 하는지 물어봤다. Martha는 침착하게 하나씩 하나씩 다 알려줬다. 와 크게 될 녀석일세. '올라', '그라시아스', '아디오스' 등 기초적인 걸 배웠다. 그래 이정도 인사면 끝났어! 굶어 죽진 않겠지! 생각하며 고맙다고 내가 가진 간식을 주기도 했다.

밤 12시, 너무 일찍 도착해서(?) David 집 앞에서 기다리는 중

공항에서 David 집까지 가는 길도 험난했다. 스페인 사람들은 영어를 잘 안 써서 질문해도 못 알아듣는 분들이 많았다. 심지어, 내가 인터넷으로 찾아봤던 버스는 보이지도 않았다. 몇 번이고 계속 물어보면서 공항 앞에 있는 Central까지 가는 버스를 탔다. 간신히 David 집에 도착했는데, 약속 시간보다 너무 일찍 도착해 버렸다. David는 밤에 주로 사람들을 만나러 다녀서 밤 12시 반에 만나자고 했었다. 진짜 신기한 문화였다. 마치 우리나라에서 저녁 8시쯤에 보자는 느낌으로 약속을 했었는데 너무 자연스러워서 나도 모르게 알겠다고 했었다. 우리나라도 유흥문화가 많이 발달하긴 했지만, 스페인의 하루는 저녁 8시부터 시작한다고 한다. 진짜 새벽 4~5시까지 밖에서 노는 건 기본이라고 한다. 그것도 사람마다 다르긴 하겠지만 확실히 밤에 잘 노는 사람들인 것 맞다.

카우치 서핑 Request를 보낼 때부터 알고는 있었지만, David는 진짜로 Naked족 & Gay였다. 그래서, 집에서 적어도 바지는 벗어야 한다는(?) 그런 신념이 있다. 이 집을 다들 자기 집처럼 이용했으면 좋겠다는 취지(?)란다.

나는 '그래, 이것도 문화 차이지.' 생각하면서 그 취지에 동참하려고 시도는 해봤다. Request 상에서는 '나는 속옷 정도는 입고 싶은데 괜찮아?'라고 했을 때 OK를 했었기에 나는 속옷 정도만 걸치고 최대한 편하게 있으려고 노력(?)했다. 그런데 얘기를 하다 보니 뭔가 무언의 압박을 주는 느낌을 받았다. 그래서 나도 모르게 무슨 객기였는지 "OK, 좋아. Naked해 보자." 얘기하고 속옷을 벗었다. 그러자 David도 벗었다. 뭔가 목욕탕에서 사람들과 마주칠 때와는 조금 다른 찝찝하면서도, 불쾌하면서도 해방된 것 같지만, 뭔가 옥죄는 듯한, 알 수 없는 오묘한 기분이 들었다. 그렇게 나무 의자에 딱 앉아서 일기를 쓰려고 했다. 그런데, 5분 정도 지났나? 아무리 생각해도 이건 아닌 것 같다는 생각이 들었다. 대화도 약간 이상형에 대한 주제로 흘러가길래 위험하다는 생각이 들었다. 나는 선을 그었다. "나는 여자만 좋아해. 여긴 다른 문화를 한 번 겪어본다고 생각하고 온 거야."라고 말했다. 그리고, 무엇보다 그 나무 의자에 앉은 내 엉덩이가 너무 차가웠다. 그래서 "나 속옷은 입어야겠어."라고 얘기하고 그렇게 일단락 지었다. 그러자 확실히 수용하면서 불쾌하게 생각했다면 미안하다고 사과를 했다. 훈훈하게 서로의 취향 차이를 인정해주는 분위기로 끝냈다.

새로운 공간과 사람은 항상 낯선 느낌과 묘한 긴장감을 준다. 심지어 Naked에 게이라니! 정말 신선한 문화였다. 새로운 문화에 약간의 두려움이 들었었지만 오늘 그래도 잘 인사하고 적응한 것 같아 다행이었다. 여기서 내가 4일을 잘 지낼 수 있을까? 걱정도 앞섰지만 그래도 약속한 기간은 있어 보자 생각하며 하루를 정리했다.

02. 시월에

여행한 지 2주가 훌쩍 지났다. 벌써 10월이다. 뭔가 을씨년스러워야 할 것 같은데 스페인은 여전히 한창 여름이었다. 속옷만 입고 있어도 아무렇지도 않았다.

소파에서 기지개를 켜며 일어나니 David는 엄마처럼 아침밥을 챙겨줬다. 감동이었다. 어젯밤 늦게 들어온 새로운 게스트 베네수엘라 형님도 함께 아침을 먹었다. David 형, 진짜 좋은 사람이구나 생각했다. 그리고, 밥 먹으면서 카우치 서핑에는 Naked 주의라고 써 놓긴 했지만, 문화의 차이를 경험해보자는 취지이지 강제하는 것은 아니라고 말해줬다. 내가 편한 대로 하면 된다고 얘기해줘서 더 안심이 됐다.

"추우면 더 입으면 되고 더우면 벗고 You know what I'm saying?"

집에서 샤워하기 전에 옷 벗고 편하게 돌아다니지 않는가? 딱 그 정도로 생각하면 될 것 같았다.

아침도 맛있게 먹었겠다, 버스킹할 공간을 찾기 위해 마드리드의 랜드마크인 Mayor 광장으로 나섰다. 날씨는 조금 더웠지만 추운 것보다는 훨씬 좋았다. 광장은 역시 중앙 광장답게 크고 경찰도 많았다. 하지만, 경찰은 나의 적… 피해 다녀야 했다. 왜냐하면 스페인은 길거리 공연을 하려면 시에서 주최하는 오디션을 통과해야 라이센스를 지급해주는데, 나는 법적으론 공연을 못 하는 신분이기 때문이다. 난 여행객인데 그걸 기간 내에는 구할 수가 없기에 다른 방법을 택했다.

몰래 공연하기!

Mayor 광장에서 공연하는 사람들은 자유롭게 즐기고 있다기보다는 어쩔 수 없이 그 일을 택한 듯한 느낌이었다. 그리고, 재밌는 것도 봤는데 불법 이민자들이 빨리 도망가기 위해서 보자기 위에 물건 올려놓고 각종 짝퉁을 팔고 있었다. 경찰이 나타나면 바로 보자기 싸서 도망가기 위해서 말이다.

그렇게 광장 주변을 탐색하면서 공연할 수 있을 만한 곳을 찾아보기로 했다. 내가 해볼 만한 곳은 다 경찰들이 있어서 한참을 돌았다. 그러다 궁금해서 경찰한테 물어보기도 했다. 그런데 웃긴 건 "여기는 내가 있으니깐 안 돼. 근데 다른 곳에 경찰 없는 곳에서 공연하면 될 거야." '이게 뭔 소리야?' 싶었지만 아마 암묵적으로 대충 봐준다는 의미 같았다. 걷다가 보니 Puerto delsol이라는 관광지와 Mayor 광장 사이에 있는 큰길을 발견했다. 어디서 많이 본 것 같았는데 알고 보니 진호 형님이 옛날에 공연했던 곳이었다. 이야 그래 여기다! 경찰도 없고 길도 크고, 사람도 꽤 많고! 시작하자! 성당 앞에서 버스킹을 시작했다. 앞에 매장에 가드가 쳐다보긴 했지만 상관없었다. 난 더 열심히 노래하고 노래했다. 그리고 여전히 사람들은 쌩쌩. 그러다가 갑자기 등산복 입으신 분들 대거 등장. 뭐지? 역시 K-패션이었다. 어디서든 알아볼 수 있는 화려한 패션의 한국인들이셨다. 하하하! 그리고, 가이드분이 한국인 여행객 수고한다고 팁 좀 주자고 말씀하셨다. 그러자 갑자기 수북이 쌓인 기타 가방. 정말 감사했다. 한국 노래 조금이라도 불러드리려 속으로 '음 서른 즈음에, 잊어야 한다는 마음으로 등 故김광석 님 노래 불러드려야겠다'라고 생각하고 있었는데, 노래를 마치기도 전에 쿨하게 그냥 관광지로 이동해버리셨다. 심지어 천 원도 주셨다! €18 ^{₩24,000} 정도 벌었다. 공연 중에 경찰차가 몇 번 왔다 갔다 했는데 정말 조마조마했다. 생전 경찰서는 가본 적이 없는데 나름 불법(?)을 저지르고 있다니! 그래도 신기하게도 경찰차에 타신 분들이 그냥 웃으며 지나가시길래 '오, 버스킹해도 상관없나 보다!'라고 생각하며 'I'm Yours' 등 신나는 노래를 더 불렀다.

마드리드에서 받은 버스킹 돈 『눈에 띄는 1000원』

결국엔, 마지막에 온 경찰차가 나에게 뭐라고 했다. 그전에 왔던 경찰차들은 자기 구역이 아니었나 보다. 경찰 아저씨들이 스페인어로 뭐라 뭐라 해서 잘 알아들을 수는 없었지만, 라이센스가 있어야 한다고 하는 것 같았다. 사과는 누구보다 빠르기에 미안하다고 하고 그곳을 급하게 빠져나왔다. 나름 재밌고 스릴 있는 성공적인 공연이었다.

David형, 나, Neli형 『이땐 몰랐다 내 머리가 어떻게 될지...』

집에 돌아오니 Neli이라는 David형의 친구분이 파스타를 만들고 있었다. 필리핀 태생이긴 하지만 스페인에서 거의 평생을 살았단다. 리포터로 와 있었는데 공연기획이나 광고 일을 하고, David와 같이 사업을 한다고 했다. 그리고, 알고 보니 이분은 한국 문화에 관심이 많아서 한국문화원에서 하는 여러 가지 프로그램도 알고 있었다. K-pop은 물론이고 우리나라 음식에도 관심이 많고 한국에 몇 번 놀러 오기도 하셨다고 해서 정말 반가웠다. 그리고 무엇보다, 외국 와서 처음으로 개고기, 북한에 대해서 질문 안 하는 외국인을 만나서 너무 편했다. 매번 어디가서 한국이라고 하면 North냐 South냐 물어보고, 개고기 좋아하냐고 하기 일쑤였기 때문이다. 지금은 BTS나 K-문화들이 많이 퍼져서 한국의 위상이 아주아주 높아지고 좋아졌지만 그때만 하더라도 좀 자극적인 내용들로 우리나라를 인식했던 것 같다. 지금 생각해도 Neli형은 참 감사한 분이었다.

03. 아니 내가… 내… 내가… 이등병이라니

이날은 심경의 변화가 너무 컸다. '아… 내… 내… 머… 리…. 아, 원통하다' 나라를 잃은 기분이었다. 재입대하는 건가? 별별 생각 다 들었다. 사건의 개요는 이렇다. David는 처음 날 봤을 때부터 머리를 잘라주고 싶어 했다. 하지만 내 머리는 그렇게 긴 편이 아니었다. 물론 한국 기준으로 말이다. David는 내 머리가 길다고 했다. 말로는 "If you want!" 라고 하는데 '난 널 자르고 말겠어'라 는 이글이글한 눈빛 이었다. 뭐 그거 때 문에 자진해서 잘라 달라고 한 건 아니었 다. 자기가 잘 자른다 고 했다. 나는 많이 Cut 하는 걸 원하지 않는다 고 했다. 세 번이나 말했다. 하지만, 이 사람은 날 이등병으로 만들어버렸다. 그래 놓고 이건 짧은 게 아니라고 한다. 와 진짜 유럽 와서 이렇게 '빡치는' 경우는 처음이었다. '하….(탄식 한 모금) 내 머리카락 잔해들…' 그리고, 내가 치우란다. 하하하! 나는 화가 난 티를 조금은 냈지만 결국 긍정적으로 생각하기로 했다. 하하하! 나는 이런 머리로는 공연을 못 한다고 생각해서 특색 있게 머리를 만들기로 했다. 스크래치를 넣어 보기로 했다. 이 전에는 한 번도 생각해 본 적이 없지만 그냥 바리깡으로 해도 된다고 해서 무작정 시도했다. 근데 성공! 나름 3개 정도 길을 힙하게 내봤다.

David는 멋있다며 엄지를 들고 훨씬 낫다고 한다. 나는 속으로 욕을

Track #4 : 스페인

했다. 안 들렸겠지? 한국에서는 이렇게 하면 놀림 받는다고 얘기해줬다. 다음부턴 함부로 이발 안 시키겠지? 또 다른 희생자가 생길 것 같아 두려웠다. 이건 여행 끝날 때까지 계속 '모자 사나이'로 살아야 할 운명이라고 생각하며 사 놨던 빵모자를 주섬주섬 찾았다. 거의 모자가 내 머리로 여겨질 정도로 쓰고 다녔다. 그래도 자기 전엔 감정이 좀 추슬러졌다. 3개월 동안 머리는 안 깎고 다녀도 되겠다고 위안을 삼았다.

그래도 한국 문화는 알려야겠기에 점심에는 한국 음식을 해주기로 했다. 같이 장을 보고 와서 역시나 볶음밥을 시작했다. 간단하게 소시지 야채 정도 넣고 볶았는데 여행 중 역대급으로 제일 맛있게 됐다. David도 흡족해했다. 그래서 나도 다음에 한 번 더 한국 음식 해주겠다고 했다.

밥을 먹고 버스커들을 구경하기 위해 Opera 광장으로 향했다. 버스커들이 있긴 했다. 그런데 낮에 활동하는 버스커는 취미가 아니라 생계형이었다. 그래서, 식당 앞에서 공연하고 모자로 구걸(?)하는 모습들을 많이 볼 수 있었다. 내 여행 취지와는 맞지 않아서 저러지 말아야지 생각했다. 음악으로 사람들을 즐겁게 해줘서 자진해서 팁을 주면 몰라도 그렇게 반강제적으로 달라고 하는 건 이기적으로 보였다. 생계이긴 하지만 말이다.

그리고, Mayor 광장에 가서 Bocadillo de calamares 오징어를 넣은 빵를 샀다. 저녁에 있을 파티를 위해서 말이다. Tie 파티라고 해서 David가 주최한 파티인데, 성대한 것은 아니고 아는 사람들끼리 모여서 이런저런 얘기하는 친목 모임이었다. 나보고도 원하면 참여하라고 해서 나는 좋다고 참여했다. 그런데, 막상 집에 도착하니 Naked 모임이었다. 그래서 내가 초인종을 눌렀을 때도 옷을 급하게 입느라 조금 늦었다고 미안하다고 얘기를 해줬다. 금시초문이었다. 그래서, 되려 미안해지면서도 후회도 됐다.

'이야 이 집은 정말 하루하루가 스펙터클하네' 생각했다.

그리고서 모임에 참여했는데 대부분 스페인어로만 대화해서 나는 알아들을 수가 없었다. 약간 후회하려고 하는 찰나에 그래도 노래를 들려달라고 해서 한국 노래 위주로 많이 불러줬다. 잔잔하게 감성적인 故 김광석 님의 노래들로 불러줬는데 다들 좋아해줘서 다행이었다. 그리고 고맙게도 캐나다에서 온 아저씨가 공원을 추천해줬다. 레티노 공원이었는데 사람도 많고 경찰도 없다고 한다. 듣던 중 반가운 소리였다.

그렇게 모임을 마치고 더 좋은 제안도 들을 수 있었다. David가 아까 머리 때문에 미안했는지 공연할 수 있는 바를 알아보자고 했다. 나는 신나서 같이 나갔다. EL FIGURANTE라는 Bar였다. 일정은 이틀 뒤, 라이센스 없어도 공연할 수 있고 친구 10명 이상 데려오면 수익금의 15%를 준다고 했다. 10명 데려오는 건 학교 근처면 가능하겠지만. 여긴 마드리드인데? 아무튼 수익을 떠나서 이 여행 중에 이렇게 공연을 마음 놓고 할 수 있다니, 얼마나 좋은가? 바로 '콜'했고, 공연 공지를 위해 Facebook에 올린 사진을 보내 달라는 요청을 받았다. 급한 마음에 Bar에 있던 냅킨을 기념품으로(?) 뜯어오고, 프로필 사진을 찍기 위해 David랑 밤에 기타를 메고 한참을 흥겹게 사진을 찍으며 놀았다. 너무나도 감사하고 행복한 저녁이었다.

다급하게 뜯은
El Figurante 냅킨

스페인에 오면 꼭 가봐야 한다는 톨레도를 가기 위해 네이버 유럽여행 카페, 유랑에서 동행을 구했다. 4명 동행이었는데 그중 1명으로 운 좋게 마지막으로 참여할 수 있었다. 그래서 톨레도를 보다 쉽게 다녀올 수 있었던 것 같다. 톨레도를 다녀오면서 느낀 점은 '내 생애 최고로 사진을 많이 찍은 날'이라는 것이었다. 그만큼 아름답고 마음에 담아가고 싶어서 셔터를 연달아 눌러댔다. 사진도 사진인데 먹을 것도 많이 먹고, 걷기도 많이 걸었다. 톨레도가 옛날 로마의 수도였다는데 건물들이 보존이 매우 잘 되어 있다. 톨레도에 내리는 순간부터 정말 너무나 청명한 하늘색의 하늘, 구름들과 중세 시대에서 볼 법한 건축물들이 한데 어우러져 춤을 추는 것처럼 보였다. 새로 지은 건물들조차도 옛날 건물들 양식처럼 잘 어울리게 지어져서 하나의 예술품 같았다. 그리고, 수많은 골목길, 다리들이 전부 하나의 포토존 같았다. 전망대에서 사진을 찍었는데 배경이 너무 예뻐서 내 밀린 머리는 안중에도 없을 정도로 아름다웠다. 그래서인지 옛날 로마인들의 의식을 조금이나마 느낄 수 있었다.

하루 종일 엄청 신나는 날이었다. 그리고, 그동안 돈을 아껴야 한다는 강박관념이 좀 있었는데 이날은 원 없이 진짜 막 썼다. 오히려 기분이 홀가분해지기도 했다.

무더운 날씨에 계속 걷다가 쉬어야 할 것 같아서 전망 좋은 곳에 앉았다. 생각해보니 그동안 공연하면서 좋은 사진 한 번 못 찍어봤다. 그래서, 화보 좀 찍어달라고 부탁까지 했다. 사진 찍기 싫어하던 옛날의 나로서는 상상할 수 없는 전개였다. 그냥 무작정 기타 메고 난간 쪽에 가서 무턱대고 노래를 시작했다. 마침 여자 중고등학생들이 수학여행을 온 것 같아서 팝송 위주로 불러줬다. 한 20명 정도는 족히 있었던 것 같다. 'Creep - Radiohead'과 'Sunday Morning - Maroon5'. 잘 부르진 못한 것 같지만 그래도 지금까지 받은 박수 중에 가장 컸다. 다들 노래 잘 들었다고 최고라고 해줬다.

톨레도 수학여행 온 아이들에게 관종처럼 공연하기!

마지막으로는 파라도르 호텔에 있는 카페에 가기로 했다. 그 카페가 야경이 어마어마하다는 소문을 들었기 때문이다. 가는 길은 쉽지 않았다. 택시가 몇 대 지나갔지만 모두 만석이었다. 어쩔 수 없이 다시 중앙광장으로 돌아갔다. 그곳에서 택시를 타고 단숨에 도착했다. 호텔은 별로 럭셔리해 보이진 않았지만 카페에 들어서는 순간 "와!" 하고 탄성을 내뱉었다. 경치가 예술이었다. 뒤에 보이는 톨레도 도시가 하나의 병풍처럼 180도 트이게 보였고, 카페 뒤로는 초록초록한 잔디밭이 펼쳐져 있어서 한 폭의 수채화를 보는 기분이었다. 다행히 우리가 도착했을 때는 해가 아직 지지 않은 때였고, 테라스 자리도 잡을 수 있었다. 이 경치를 안주 삼아 상그리아 한잔으로 낭만을 즐겼다.

파라로드 호텔 카페에서 샹그리아, 석양 즐기기

한식을 대접하는 날이어서 아침부터 같이 장을 보러 가기로 했다. 영국에 테스코가 있는 반면 스페인에는 까르푸가 있다. 한국계의 큰손이 된 것처럼 장을 거하게 봤다. 집에 돌아오니 전날 밤에 막 도착한 카를로스라와 데이비드^{앞에서 언급한 David와 동명이인}라는 친구가 먼저 음식을 준비하고 있었다. 이 둘은 게이 커플이었다. 신선한 문화충격! 카를로스와 데이비드. 여기 사는 데이비드랑 이름이 똑같아서 한글로 써야겠다. 카를로스는 피망, 양파, 콩, 토마토 상추 등등 케밥처럼 싸서 먹을 수 있게 점심을 준비했는데 진짜 대박이었다. 나도 크림 스파게티랑 고추장 스파게티를 만들어줬다. 생각보다 고추장 파스타를 사람들이 많이 좋아해 줬다. 나중에 돌아가면 음식점 차려야 되나, 잠깐 고민이 들 정도였다.

진수성찬을 배부르게 먹고 나서 나갈 준비를 했다. 나가기 전에 오늘 공연 있으니깐 맛보기로 노래도 불러주며 보러 오라고 홍보도 했다. 'Right Here Waiting - Richard Marx'을 불러줬는데 진짜 고맙다고 꼭 가겠다고 말해줬다. 뭔가 아늑한 집에서의 미니 공연이라 마음이 되게 따뜻해졌다. 유럽 사람들은 내 노래 들을 때마다 최고라고 하고 좋다고 하는데 가끔 이게 사실인지 유럽 사람들의 특징인지 잘 모르겠다. 아무튼 나는 연습이 더 필요하다는 생각이 들었다. 특히 오늘 공연을 위해서 더더욱 칼을 갈아야겠다고 생각했다.

그래서 전날 캐나다 형님이 가보라고 했던 레티노 공원에 연습하러 갔다. 도착하니 초록초록한 잔디 위에서 동네 주민들이 공놀이도 하고 피크닉을 즐기는 모습도 많이 볼 수 있었다. 그리고 시원하게 올라오는 분수대와 나무들이 펼쳐져 있는 모습이 장관이었다. 공원에 도착해서 내가 연습할 수 있을 만한 곳을 물색했다. 연습을 시작했을 때 이날은 신기하게도 누군가가 다가오진 않았다. 그래도 주위에서 내 노래를 편안한 마음으로 들으면서 쉬는 것 같았다. 연습으로 한 곡이 끝날 때마다 같이 온 연인이나 가족끼리 서로를 바라보며 웃거나 작게나마 박수를 쳐주는 모습들이 인상적이었다. 대망의 저녁 공연을 위해 계속 공연 연습을 그렇게 편한 마음으로 준비했다.

레티노 공원의 한적함

공연 리허설을 마치고

연습을 하다 보니 어느새 7시가 다 되어 있었다. 연습이라고 했지만 주위에 사람들이 오면 노래도 불러주고 하다 보니 시간이 늦어졌다. '이제 가야 되는데?' 급한 마음에 달려서 단숨에 El Figurante Bar에 도착했다. 어제 연락받은 시간에 도착했지만 다행히도 이제 막 오픈 중이었다. 허허. 그래서 같이 오픈 준비하는 걸 도와드렸다. (?) 한국처럼 라이브카페가 아니라 조그만 장소여서 아기자기하게 공연할 수 있는 무대였다. 물론 앰프도 직접 가져와야 하는 곳이었다. 그래도 오히려 이렇게 작은 공간에서 빛을 발휘하는 미니 엠프기에 자신 있었다. 사람들이 아직 안 모여서 시간을 갖고 30분 정도 더 기다리기로 했다. 코리안 타임보다 스페인 타임이 더 느린 것 같았다. 느긋한 스페인 사람들에겐 일상이라고 한다. 맨 처음으로는 내 호스트 David가 왔고, 그다음으로는 카를로스 데이비드 커플이 도착했다. 그리고, 어제 만났던 시영 누나도 도착했다. 시영 누나가 또 다른 예쁜 동생도 데려왔다. 갑자기 설렜다. 그래서인가 뭔가 더 최선을 다해야겠다는 생각이 들었다.

Bar 사장님께서 찍어 주신 사진 『거울로 비치는 관광객들의 모습이 귀엽다』

사람들도 점점 모이기 시작했다. 공연은 Bruno Mars의 'Just The Way You Are'라는 노래로 시작했다. 한국어로 바꿔서 불렀는데 좀 많이 선정적이었다. "음 ~ 너의 입술 입술, 말하지 않아도 You're so sexy" 번역하니 유교적인 한국 사람들은 듣기 거북할 수도 있겠다 싶었다. 근데 뭐 요즘 팝송에 비하면 이 정도는 양반이다. 이후에도 'Now And Forever - Richard Marx', '서른 즈음에 - 故김광석', 'Heaven - Bryan Adams' 등을 부르며 공연을 30분 넘게 진행했다. 그리고, 나도 그 분위기를 더 재밌게 즐기고자 이태리 술이라는 Spritz를 마시면서 불렀는데 공연은 매우 성공적이었다. 공연을 하면서 점점 사람들도 많이 들어왔고, 박수갈채도 많이 받았다. '와, 여행에서 이렇게 소공연을 해볼 수 있는 사람이 몇이나 있을까?' 자리를 마련해준 David, Bar 사장님, 찾아와 주신 지인분들, 손님들께 너무 감사했다.

공연이 끝나고 다들 노래 정말 좋았다며 엄지를 척하고 들어주셨다. "That was so beautiful", 스페인어로 "Hermosa"라며 극찬하시는 분들도 계셨다. 자신감이 차오르는 동시에 괜히 민망하기도 해서 Spritz 한 모금으로 급하게 목을 축였다. 그렇게 Bar에서 너무나도 행복한 1차 뒤풀이를 마쳤다. 그리고 시간을 내서 나를 보러 와준 시영 누나와 예쁜 동생에게도 더 고마워서 2차로 츄러스를 사주기로 했다. 초콜릿을 찍어 먹는 츄러스로 평소엔 많이 기다려야 했으나 그날은 진짜 운이 좋게도 바로 들어갈 수가 있었다. 처음 봐서 약간 어색한 사이였으나 공연으로 인해서 벌써 많이 친해진 기분이었다. 머리가 빡빡이가 돼서 좀 위축될 수도 있었지만 그냥 오히려 더 쿨하게 얘기하려고 했다. 그래서인지 더 금방 친해지고 서로 호감도 느끼게 된 것 같았다. 그리고, 쾌활한 말투에 큰 눈을 가진 그녀에게 나도 좀 더 호기심이 생겼었던 것 같다. 여행을 짧게 왔다는 그녀는 얼마 안 있으면 며칠 뒤에 한국으로 돌아간다고 했다. 왠지 모르게 아쉬움이 들었다. 그렇게 달콤하지만 다소 아쉬운 2차 뒤풀이를 끝내고 시영 누나는 잠깐 볼일이 있다고 해서 그녀를 먼저 호스텔까지 데려다주었다. 그 이후에도 연락이 계속돼서 한국에서 보자고 했지만 나의 여행은 너무 길게 남아서 결국 바이바이 했다. 여행이란 정말 이렇게 희로애락이 있어 줘야 재밌는 것 같다.

El figurante 가게 로고
『다시봐도 무슨 의미인지는 짐작이 안 간다』

발렌시아

01. Valencia 너를 품는다

마드리드를 떠나는 날이다. 발렌시아로 가는 길은 카풀을 이용해보기로 했다. 아침 일찍 채비해서 모임 장소에 잘 찾아갔다. 스페인의 아침은 자전거로 시작하는 듯 보였다. 온통 자전거들 천국이었다. 자전거 사이를 뚫고 카풀하는 차가 도착했다. 이 차는 8인승이었고 주인분은 굉장히 착하고 건장해 보였다. 첫 카풀인데도 어색하지도 않고 오히려 좋다는 생각이 많이 들었다. 모르는 사람들과 이야기도 하면서 서로 몰랐던 것도 알아가고, 여행 얘기도 하면서 서로 도움을 많이 받을 수 있었다. '우리나라도 이런 카풀 문화가 정착되면 좋지 않을까'라는 생각이 들었다. 발렌시아에 도착할 때까지 카우치 서핑에서 수많은 리퀘스트를 보내봤지만 아쉽게도 호스트를 구하지 못해서 호스텔을 알아봤다. 다행히 하루에 10유로여서 이틀을 싸게 보낼 수 있었다. Quart youth hostel이었는데 깔끔하고 조용하고 휴식하기에 좋았다.

밤에는 버스킹할 곳도 알아보고 야경도 볼 겸 밖으로 나섰다. 관광지 위주로 다녀봤지만 발렌시아의 밤은 너무도 한적했다. 약간, 내가 살던 노잼 도시 대전의 밤 같은 느낌이었다. 주말엔 많겠지만 평일에는 한가로운 듯했다. 분수도 보이고 오기 전에 인터넷 검색에서 봤던 것처럼 진짜 야경은 온통 오렌지색이었다. 그 속에 내가 한 명의 주인공이 된 기분이었다. 그냥 길거리도 하나의 예술로 보였다. 정말 아름다운 도시를 볼 수 있어서 좋았다.

오렌지빛으로 물든 발렌시아의 밤거리

잠을 잘 못 잤다. 와… 룸메이트 코골이 대박이었다. 호스텔의 단점인데 여러 사람이 자다 보니 어쩔 수 없었다. 그래도 어떻게 첫술에 배부르랴. 호스텔이니 이해했다. 정신을 가다듬고 하루의 루트를 짰다. 어제 못 갔던 다리부터 마켓, 대성당 등등 모든 곳을 가보기로 했다. 마켓, 대성당을 둘러보면서 '와, 어떻게 이런 걸 지금까지 지켜냈지?'라는 생각이 들었다. 웅장하면서도 독특한 무늬를 지닌 건축 양식이 나를 압도했다. 180여 년이 넘은 역사를 지니고 있다는데 정말 대단하다는 생각밖에 안 들었다. 유럽 전체가 옛것을 보존하는 전통이 있어서 참 좋은 것 같다. 물론 장단점이야 있겠지만 자신들의 역사를 소중하게 여긴다는 의미로 보였다. 그리고 길거리에 있는 하나하나가 아름다웠다.

빠에야 테이크아웃 후 근처 공원에서 먹기

카우치 서핑에서 호스트는 구하지 못했지만, 대화를 나눈 분 중 어떤 아주머니께서 로컬들만 간다는 빠에야 가게를 추천해주셨다. 음식점이긴 한데 테이크아웃을 주력으로 하는 음식점이었다. 그렇다고 사람들이 엄청 많지도 않았다. 로컬들만 아는 그런 맛집 같았다. 음식점 이름은 Casa Vicenta였다. 여기서 주문을 하려고 하니 스페인 사람들은 대부분 영어를 잘 안 써서 스페인어를 인사 말고도 조금 더 공부해야겠다는 생각도 들었다. 1부터 10까지라도 말이다. 그래도 우여곡절 끝에 주문한 음식은 다른 관광지보다 확실히 가격도 착하고 양도 푸짐했다. 음, 오랜만에 먹는 쌀밥! 내가 좋아하는 해산물과 각종 야채가 많이 들어가서 게 눈 감추듯이 먹어버렸다.

저녁에는 버스킹을 하러 나섰다. 카우치 서핑에서 알게 된 아주머니가 Fusta 다리, Serraros 다리를 추천해줬는데 Fusta 다리는 너무 좁고 Serraros 다리는 공연하기엔 최고인데 사람이 없었다. 진짜 한 명, 두 명 정도 지나다닐 뿐이었다. 아 역시 대전에 있는 목척교랑 똑같다고 생각했다. 평일엔 다들 자기 집으로 가는구나… 그래도 그 전날 봐 놓은 곳이 있어서 자리를 이동했다. 그런데 그곳도 역시 마찬가지였다. 사람들이 지나다녀야 하는데 별로 없고, 간간이 벤치에 앉는 사람들뿐이었다. 그래도 5곡을 꿋꿋이 부르고 왔다. 반응은 역시나 다들 별로였다. 그래도 괜찮다! 이게 전부가 아니란 걸 알기에 상관없었다. 앞으로 바르셀로나에서의 버스킹 여행도 화이팅!

바르셀로나

01. 바르셀로나에서의 새로운 시작

발렌시아에서 바르셀로나로의 이동은 버스로 5시간 정도 걸렸다. 그 기간 내내 나는 곤히 잠들었을 정도로 피곤했다. 사실 단순 여행만 하기에도 벅찬 게 사실이다. 이것만 해도 이동하고, 관광하고, 쉬느라 정신이 없다. 그런데, 여행 중에 버스킹을 하고 연습을 하면서 중간중간에는 카우치 서핑 호스트를 찾다 보니 충분히 피곤할 만했다. 이제 3주 정도 되었으니 충분히 그럴 수 있겠다는 생각이 들었다. 이런 어려움을 알고서 왔지만 몸으로 막상 느끼게 되니 '좀 호스텔에서 쉬어야 하나?' 이런 생각이 많이 들었다. 하지만 그럴 수 없었다. 나름대로 버스킹을 통해서 우리나라 노래도 알리고, 거리 공연 문화도 배워야 한다는 목표가 있었기에 다시 한번 파이팅 하자고 다짐했다.

바르셀로나의 숙소는 Hugo라는 호스트의 집이었다. 이번에는 카우치 서핑이 아닌 트램펄린이라는 커뮤니티를 이용했다. 카우치 서핑처럼 호스트에게 요청을 해서 받아들여지면 가는 시스템이었는데, 알고 보니 Hugo가 이 커뮤니티를 만든 CEO였다. Hugo의 집에 도착하니 6명의 청년이 같이 모여 사는 셰어하우스였고 나는 거실에 있는 침대를 사용할 수 있었다. 근데, 거실이지만 저녁에는 따로 블라인드를 칠 수 있어서 독방 같은 느낌도 났다. 자그마한 테라스도 있고 나름 만족스러웠다.

시—원한 시우타데야공원

　짐을 풀고 집 근처에 있는 진짜 예쁘다는 시우타데야 공원부터 갔다. 그곳은 정말 지상낙원에 있는 듯했다. 분수와 폭포수, 마치 아틀란티스 같은 느낌이었다. 에메랄드빛 분수대, 열대 우림의 자연 같은 호수가 보이고 하늘도 너무 청명했다. 그래서 이 사람 저 사람한테 사진을 찍어달라고 하기도 하고, 빨빨거리며 공원 안을 엄청 돌아다녔다. 그리고 나도 공연을 해야겠다는 생각이 들어서 장소를 물색하는 찰나에 신기한 얼룩무늬 부메랑을 가지고 묘기를 부리는 형님을 만났다. 부메랑은 아니고 착시 현상이 일어나게 보이는 도구였는데 뱅글뱅글 돌아갈 때 뭔가 빨려 들어가는 느낌이 들었었다. 그리고 더 재밌었던 것은, 이 형님이 피리도 불었는데 자기 여자친구가 피리 소리를 듣고 찾아올 수 있게 하기 위해서였다. 여자친구가 진짜 있는 건지 미래의 여자친구인지는 못 물어봤는데 '오… 센스 있는데? 진짜 여친 있다면 최고의 데이트겠다.' 이런 생각을 하며 형님과 작별 인사를 했다.

땅에 널브러진 기타와 나 『버스킹 시작 직전 셀카』

그분과 헤어진 후에 한적한 공간에 공연할 자리를 잡았다. 흙바닥에 가방을 놓고 공연을 시작했다. 나도 최근엔 좀 힘이 부쳤던 터라 잔잔한 노래들로만 공연했다. 비틀즈의 'Yesterday', 'Hey jude' 등의 노래를 부르면서 나도 스스로 힐링이 된 것 같다. 공원에 불어오던 선선한 바람과 노래가 섞이면서 마음을 위로해주었다. 성의 표시해주는 사람이 많지는 않았다. 아마 오후에 좀 늦은 시간이고, 또 월요일이라서 더 그렇지 않을까 생각했다. 약간 돈에 의해서 시무룩해지기도 했다. 그래도 3명이나 성의를 표시해줬다. 어떤 형님이 "For the music"이라면서 동전을 던져주던 게 가장 인상 깊었다. 이런 마음씨들이 누적되어서 내 마음이 점점 더 음악을 좋게 만들었던 것 같다. 돈에 의해 기분이 좌지우지될 수밖에 없는 환경이긴 하지만, 이런 것을 떠나서 정말 사람들을 즐겁게 해주고 웃게 해줄 수 있는 그런 마음을 다잡아야겠다는 생각이 들었다. 정말 신기한 게 처음 여행 떠나기 전 진호 형이 해줬던 말이 하나도 틀리지 않았다. "사람들은 마음으로 다 안다. 돈 벌려고 마음먹고 버스킹하면 돈 잘 못 번다." 정말 뼈저리게 느꼈다.

그렇게 공연을 마치고 나서 Hugo와 룸메이트들이 소개시켜 준 중국 마트에 가서 한식을 충전했다. 중국식당인데 한식이 있다니 신기했다. 동양은 그냥 통째로 생각하는구나 하고 넘겼다. 짜파게티, 라면, 김치 등등 한국 음식들이 사서 집에 도착해서는 Hugo, 룸메이트들과 짜파게티, 또르띠야, 프랑스 치즈, 맥주를 먹으며 여행에 관한 이야기를 나눴다. Hugo와 이야기를 더 나눠보니 이 친구는 프랑스인이었다. 일단 3개 국어는 물론이고 잘생긴 외모에 CEO까지 하고 있다니 진짜 존경스러웠다. 여행을 너무 좋아해서 이 커뮤니티를 설립하게 됐고, 그 계기는 친구들과 텐트랑 자전거만 가지고 여행을 했었던 것이라고 한다. 와 대단하다. 정말 경험이 많은 친구가 이렇게 나를 게스트로 맞아준 게 너무 고마웠다. 나도 무언가 나만의 사업으로 다른 사람에게 도움을 주고 싶다는 마음을 갖게 된 계기가 되기도 했다.

02. Anggie와의 바르셀로나 대탐방

역시 호스텔보다 친구 집에 있는 것이 훨씬 편했다. Hugo를 만난 것은 행운이었다. 단 하루였지만 그래도 많은 정이 들어서 발걸음이 쉽게 떨어지지 않았다. 그래도 예약해둔 한인 민박에 가야 했기에 집을 나섰다. 그동안 한국 음식이 너무 그리워서 한인 민박으로 하루 잡았다. 이곳은 Hugo의 집에서 꽤 멀었다. 걸어서 한 30분 걸린 것 같다. 그래도 핵심 관광지인 람블라스 거리에 있는 곳이어서 쉽게 찾을 수 있었다. 그리고 어제저녁에 카우치 서핑으로 우연히 연락이 온 Anggie를 만나기 위해 서둘러 나왔다. Anggie는 인도네시아 사람인데 독일 유학생이었다. 정말 신기하게도 다른 친구들의 레퍼런스들을 보고 내가 하는 여행 컨셉이 너무 좋아 보여서 연락했다고 했다. 처음엔 경계심도 들었지만 오는 사람, 문화적 차이를 안 막는 게 여행의 컨셉이기에 '콜'했다.

만나서 얘기해보니 이 친구는 한국 문화와 노래도 좋아해서 나한테 연락했다고 한다. 그리고 무엇보다 같이 여행할 사람을 찾아서 너무 좋다고 해줬다.

나는 호기롭게 처음엔 '가우디 공원'을 가자고 했다. 근데, 아무리 찾아도 가우디 공원은 없었다. 알고 보니 구엘 공원이었다. Anggie는 자기도 몰랐다며 한바탕 신나게 웃었다. 내 허당미를 보이고 나서 좀 더 친해진 것 같은 느낌이 들었다. 구엘 공원으로 올라가는 길에 Aniggie에게 양해를 구하고 버스킹을 하기로 마음을 먹었다. 처음부터 내가 버

스킹을 하는 것을 알고 있었기에 잘 이해해줬다. 옆에 이민자들이 불법으로 장사를 하고 있길래 마음 놓고 버스킹을 할 수 있었다. 사람도 많고 어차피 소리도 잘 안 들릴 것 같아서 신나는 노래 위주로 선곡을 했다. 'Just The Way You Are', '여행을 떠나요' 자작곡 '그냥' 등을 불렀다. 와 근데 엄청 더웠다. 진짜 찌는 듯한 더위였다. 그리고, 흙바닥에 관광객들도 많다 보니 흙먼지가 다 목으로 들

어왔다. 큰 성과를 내지도 못해서 일단 공연을 접고 메인 광장으로 가려고 하니 입장권을 끊어야 했다. 예약을 하지 않아서 1시간 정도 더 기다려야 한다고 해서 다른 장소에서 한 번 더 버스킹을 했다. 총 1시간 넘게 한 것 같다. 그렇게 공원에 들어서는 순간 온통 한국 사람 천지였다. 와… 여기를 봐도 저기를 봐도 한국인이었다. 여기가 구엘 공원인지 불국사인지 헷갈릴 정도였다.

Anggie와 나 『구엘공원 전망대에서』

　　그래도 조금씩 걸어가다 보니 정말 TV에서나 보던 아름다운 건축물들이 내 눈앞에 펼쳐졌다. 가우디는 도대체 이걸 어떻게 생각하고 만들어 냈을지 의문이 들었다. 와 진짜, 대박 중의 대박이었다. 지금 봐도 아름답기 그지없는 신화에 나올법한 건축물들이었다. 특히, 돌로 만든 석굴들이 진짜 신기했다. 그리고, 모자이크 타일 식으로 문양을 만들었는데 진짜 예뻐서 모든 이들의 시선을 강탈했다. 괜히 아름답다고 하는 곳이 아니었다.

신나게 같이 사진도 찍고 구경하고 나서 민박집이 있는 람블라스 거리로 돌아왔다. 빠에야를 먹으면서 전날부터 묵고 있는 한인 민박집 이야기를 했다. 그러자, Anggie가 자기도 거기서 자고 싶다고 했다. 사실, 너무 적극적이어서 조금 당황스러웠다. 나는 확신할 수 없었지만 Anggie의 투혼에 감동해 일단 같이 가보자고 했다. 마침 사장님도 계셔서 여쭤봤더니 다행히 한자리가 딱 남아있었다. Wow! 우리는 월드컵 우승한 것처럼 얼싸안고 좋아했다. 뿌듯하기도 했다. 집에서 쉴 준비를 하고 있는데 한국에서 출장을 오신 박사님들께서도 들어오셨다. Anggie가 있어서 좀 놀라긴 하셨지만 금세 이야기꽃을 피울 수 있었다. 그렇게 나의 여행 얘기를 나눴는데 내 여행이 마음에 드셨는지 당신들은 내일 떠난다며 한 분이 교통카드를 모아서 선물로 주자고 의견을 내셨다. 뭔가 일사불란하게 교통카드를 모아서 주셨다. 와! 너무 감사했다. 그래서 나도 보답으로 한국 노래를 정성껏 들려드렸다. '서른 즈음에', '잊어야 한다는 마음으로' 등등. 매우 좋아하시길래 덩달아 나도 기분이 좋아졌다. 누군가에게 행복을 주는 여행을 잘하고 있다고 생각했다.

구엘 공원의 예쁜 건축물들

상파울 병원 앞에서

다음 날에는 사르라다 파밀리아, 상파울병원, 대성당, 리스베거리까지 조금은 빡센 여행 루트를 짰다. 관광지 대부분이 비싼 입장료를 내고 들어가야 하는 곳이었다. 우리는 저가 여행이라는 컨셉이기에 과감히 포기했다. Anggie도 내 컨셉을 이해해주고 의견을 잘 따라줘서 너무 고마웠다. 우리는 겉에서라도 봤으니 만족한다며 쿨하게 넘겼다. 그리고 바로 상파울로 병원으로 향했다. 실제로 이 병원을 보고 나서 나는 가우디를 존경하게 됐다. 구엘 공원은 물론이고 병원조차도 예술로 승화시킬 생각을 했다는 것이 너무 대단했다. 사진을 안 찍을 수가 없었다. Anggie와 나는 서로 사진을 찍어주면서 둘도 없는 여행 메이트가 되어갔다. 대성당도 입장료가 있었지만 일정 시간에는 무료입장이 가능했다. 운 좋게 딱 맞춰서 들어갔다. 역시 좋은 친구와 여행하니 운도 따른다. 우리 가족 건강하게 해달라고 기도했다. 한국으로 별 탈 없이 잘 여행 마칠 수 있게 해달라고도 했다.

성당 앞 기타리스트

나와보니 성당 앞에 기타리스트분들이 연주하고 있어서 팁을 드렸다. 나도 여행하며 받은 것들을 보답해야겠다는 생각이 들어서였다. 그리고, 비스베 거리에도 갔다. 거기에도 버스킹 하는 분들이 있었다. 클

래식하게 기타를 치는 데 실력이 정말 좋았다. 우리는 CD를 살까 하다가 그냥 1유로만 드리고 왔다. 마음만은 100유로를 드리고 싶었지만 나의 주머니 사정이 있으니 어쩔 수 없었다. 버스킹 하시는 분들이 많아서 정말 좋았다.

2일간의 즐거운 동행을 마치고, Anggie와 헤어질 시간이 다가왔는데 참 아쉬웠다. 내 여행에 맞춰주며 함께 다녀줘서 고맙기도 했다. 이렇게 좋은 여행을 함께 할 수 있는 친구가 생겼다는 게 참 큰 복이라는 생각이 들었다. 그리고, Anggie도 나 덕분에 한국 문화도 많이 알고 한인 민박에서 자기, 버스킹 구경 등등 다양한 경험을 많이 할 수 있어서 너무 좋았다고 해줘서 다시 한번 감동받았다. 서로 진정한 도움이 된 것 같아 기쁜 하루였다. 이 친구 덕분에 영어도 많이 배우고 더 자신감도 기를 수 있는 시간이었다.

Anggie와 헤어진 후에는 또 다른 트램펄린 호스트인 Sebastien 집으로 이동했다. 소파도 좋고 지내기 좋아 보였다. 개인 정비 시간을 가진 뒤에 밤에 Sebastien, 룸메이트와 Bar로 향했다. 분명 밤 10시 반에 갔는데 너무 일찍 왔다며 한 시간 후에 오라고 했다. 이거 뭐지? 여기가 열정의 나라 스페인이다. 술집이 11시 반부터 시작이라니 지금같이 코로나 4단계 때문에 9시에 모든 술집, 카페 문 닫는 나라로서는 이해를 할 수가 없는 문화다.

03. 자연의 나라로

Anggie와의 여행 때 너무 무리했던 걸까? 인후염이 도졌다. 그래서 하루는 푹 쉬어가는 날로 정했다. 며칠 동안의 나의 컨셉은 힐링, 명상, 나와의 소통? 그런 느낌이었다. 어제보다는 좋아진 컨디션이지만 회복이 더 필요하다고 생각했다. 그래도 가만히 있을 수는 없다!

날씨가 이렇게 좋은데! 기타 연습이나 할 요량으로 집을 나섰다. 길을 가다 보게 된 Raval 지구는 진짜 도심지에 강북 느낌? 뭐랄까 사람 냄새 나는 관광지였다. 람블라스 거리보다 가격도 저렴하고 더 맛있어 보이기도 했다. 바르셀로나 첫 숙소 호스트였던 Hugo가 라발지구로 무조건 가보라고 했었고 먹물 빠에야를 추천받은 것도 있어서 들렀다 가기로 했다. 가는 길에 인후염용 스프레이도 샀다. 군대에 있을 때는 몸 좋다는 얘기도 들었었는데 여기선 한없이 나약한 모습을 보이는 나 자신에게 미안해졌다. 여행 때 몸이 아프니 참 서러웠다. 그리고, 우리나라처럼 병원 시스템도 잘 되어있지 않다 보니 잘못 가면 큰돈이 나오기 때문에 그냥 약 먹고 쉴 수밖에 없었다.

    Mar Bella 누드 비치를 꼭 가봐야 한다는 Sebastien의 말을 듣고 누드 비치 근처로 향했다. 지하철을 타러 가는데 사람이 너무 많았다. 그래서 바로 골목으로 막 걷다 보니 오히려 더 좋은 구경을 할 수 있었다. 작은 카페에서 파는 모히토도 사 먹어보고, 룰루랄라 걸으면서 목적지로 향했다. 이렇게 진짜 이 나라 문화들을 조금이나마 느낄 수 있었다. 걷다 보니 목적지가 보이기 시작했다. 나는 곧바로 바다를 향해 달려갔다. '캬아… 여기가 그래 여기가 진짜 바다구나'라고 생각했다. 천천히 걸으며 바다의 향기를 느끼고 바람을 맞이했다. 해변의 이름은 Mar bella 이곳에는 퀵보드, 보드 등등 레져를 즐길 수 있는 곳이 있었다. 10월인데도 다들 나시만 입고 열심히 타고 있었다. 근데 와 너무 신기했다. 그만큼 스페인은 더위가 오래 가기도 했다. 퀵보드로 묘기를 부리면서 자유롭게 타는 모습이 참 자유분방해 보여서 좋았다. 어떻게 저렇게 탈 수가 있는 거지? 대박!

그 다음 슬슬 바닷가 근처로 걸어갔다. 두둔! 이곳은 자연인가? 수많은 아담과 이브들이 있었다. 나도 자연스럽게 허물을 벗고 일광욕을 즐기고 싶었는데 선뜻 그럴 용기가 나지 않았다. 순간적으로는 알몸으로 공연하면 재밌겠다고도 생각했는데, 아직 나는 그 정도는 안 되는구나 생각하고 말았다. 돌아오는 길에 약간 후회가 되기도 했다. '너 그 정도밖에 안 되는 놈이냐?' 하면서 말이다. 남자분이건 여자분이건 대단하신 분들을 많이 봐서 진짜 매우 매우 놀라면서도 텐션이 올라가는 날이었다.

다소 충격적이었던 누드 비치

런던에서 만났던 하라도 바르셀로나에 있다기에 저녁에는 오랜만에 하라와 재회했다. 같이 분수 쇼를 보러 갔다. 여태까지 내가 봤었던 분수 쇼와는 차원이 다르게 예뻤다. 분수 크기도 클 뿐만 아니라, 나오는 노래도 바르셀로나다운 열정, 사랑이 넘치는 노래들이었다. 분수 쇼는 일산 호수공원에서밖에 못 봤었는데 이국적인 곳에서 맞이한 분수여서 그런지 남달랐다. 사람도 엄청 많아서 약간 혼잡하기도 했는데 나름 어떻게 사진도 잘 찍고 츄러스도 먹고 신나게 즐기고 돌아왔다.

바르셀로나의 분수 쇼

하라와 헤어지고 집으로 돌아오는 길에 진호 형님이 콜럼버스 탑 쪽에 공연하기 좋은 곳 있다고 해서 들러봤다. 근데, 아니 이게 뭐야 진짜 예쁜 다리가 있었다. 뭐에 홀린 것처럼 걷다 보니 어느새 벤치에 앉아서 노래를 듣고 있었다. 생각도 정리할 겸 바다를 보고 있었는데 어떤 사람이 자전거 타고 오더니 낚시를 시작했다. 와 여기서도 고기가 잡힌다니 정말 신기했다. 물론 불법이겠지만 나름의 취미겠지? 물고기 잡힐 때마다 신기해하면서 박수 치면서 호응해주고 같이 웃기도 하다가 집으로 돌아왔다.

바르셀로나에서 니스로 떠나기 전에 뭔가 안 좋은 일들이 많이 일어났다.

1재는 몸이 아픈 것이었다. 몸이 아프니까 모든 것이 귀찮아졌었다. 버스킹, 관광 모든 것이 어려웠다. 여행에는 적응이 되었지만 인후염은 지독하게 나를 괴롭혔다. 노래만 무리해서 부르면 아파 버리는 목, 여행 오기 전 아르바이트 할 때부터 아프기 시작했었다. 지금 생각해보면 신경성으로 아팠던 것 같다. 한 치 앞을 할 수 없는 카우치 서핑 일정 때문에 스트레스를 안 받는다면 거짓말이었다. 계속 유동적으로 일정이 변하고 설령 호스트가 Accept 해줬다 할지라도, 사람 일이 어떻게 될지 모르기 때문이다. 그래서 좀 느긋하게 쉬어야 한다는 생각이 문득 들었다. 앞으로 많이 남은 여행을 위해서도 말이다. 이때 느꼈다.

'너무 에너지를 무리해서 쓰면 내 몸의 배터리가 방전되어버리고 충전되려면 시간이 많이 필요하구나!'

아예 푹 쉬면서 숙소를 구하는 데 노력을 들였다. 바르셀로나에 있을 때 기준으로 온갖 노력을 통해 10월까지는 카우치서핑 호스트를 다 구했지만 11월 동유럽은 만만치가 않다. 근데 이것도 그냥 운명에 맡겨야 하지 않나 싶었다. 여태까지 여행한 것을 돌아보면 거의 다 운이 잘 따라줬다. 항상 플랜B로 호스텔이 있으니깐 크게 문제는 없다.

2재는 날씨였다. 예보는 한국 기상청 뺨치는 정도가 아니라 뺨 맞을 얼굴이 없어질 정도로 심각하게 안 맞았다. 그래서 스페인 친구들은 예보를 거의 안 믿는다고 얘기해줬다. 역시나 비가 엄청 온다고 했으나 아침에 일어나니 해가 아주 엄청나게 쨍쨍하거나 정반대의 경우도 더러 있었다. 며칠을 그렇게 헛웃음을 지으며 아침을 먹곤 했다. 스페인 사람처럼 대충 아침을 때우고 편하게 무한도전을 다운받아서 보기도 했다. 그러다 한 번씩 문득 '나 지금 여행하는 거 맞지?' 생각이 들었다. 근데 이렇게 힘들 땐 그냥 집에서 예능 보면서 쉬는 것이 최고다. 이렇게 나를 챙기는 며칠을 지내다 보니 조금씩 원기를 되찾는 것 같았다. 역시 긍정적으로 재밌게 살아야 하나 보다.

3재는 한식 비밀 보따리가 없어진 것이었다. 나는 항상 그 보따리를 소중히 여겼다. 나의 한식 무기가 다 들어있었기 때문이다. 역시나 세바스찬네 집에 도착해서도 그 보따리를 이용해서 나만의 레시피로 볶음밥을 해줬다. 참치볶음밥이었는데 세바스찬도 아주 흡족해서 너무 고마웠다. 그런데 그다음 날이 문제였다.

밖에서 모든 관광을 마치고 집에 돌아와서 밥을 해 먹으려고 내 음식 보따리를 찾았다. 두둥! 어디 있는 거지? 어제 분명히 냉장고에 넣어 놨던 것 같은데… 1시간 정도 정말 샅샅이 집 구석구석 찾는데 없었다. 문득 어제 세바스찬의 플랫메이트인 피에르가 자기 친구에게 쓰레기 버려달라고 했던 것이 생각났다. 부랴부랴 연락해서 물어보니 잘 모르겠단다. 허허 뭐 어쩌겠나… 쿨한 척 넘어가려 했으나 마음은 온통 그 보따리로 향해 있었다. 사실, 누군가가 치웠으니 없어졌을 텐데 끝까지 모르는 척하는 모습에 좀 화가 났다. 사실, 게스트로서 큰 할 말은 없지만 쫓겨나더라도 내 목소리는 내야겠어서 용기 내서 이야기를 했다. "분명 물건이 없어진 건 누군가 치워서일 텐데 그냥 모르는 체하는 모습은 다소 실망이었다"라고 세바스찬에게 메시지를 보냈다. 결국엔 집에 돌아온 피에르도 영문을 모르겠다며 자기가 잘못한 것 같다고 미안하다고 했다.

서로 오해도 풀고, 오히려 잘됐다고 위안하며 다시 아시아마켓으로 향했다. 라면, 참기름, 돌자반, 참깨, 간장, 불고기소스를 사서 다시 한식 재료 보따리를 만들었다. 나도 하나 배웠지 뭐…. '다음부턴 편한 집이라

도 내 물건에 표기를 제대로 해놓아야 이런 일이 안 일어나는구나.'

이렇게 3재를 겪고 나서 나는 새로운 마음으로 니스행 새벽 버스에 오르게 되었다.

'앞으로는 얼마나 Exciting한 일들이 펼쳐질까?'

BOARDINGPASS

FROM **SPAIN**

TO **FRANCE**

FLIGHT **SUNBEEBOOKS**
OPTION **SONGINEER CLASS**
NAME **GENIUS**

NO.03

프랑스

01. 고진감래 니스

하아 한숨부터 나는 것은 왜일까? 니스 카우치 서핑 호스트는 한마디로 모나코의 '나는 자연인이다' 주인공이었다. 그 집으로 가는 과정도 굉장히 험난했다. 간신히 니스에 도착했다. 하지만 그곳은 공항… 심지어 터미널1에 시내로 가는 버스가 다니는데 내가 내린 곳은 터미널2였다. 굉장히 당황스러웠다. 짐은 무겁고 덥고 어딘지는 모르겠고…. 그래도 다행히 같이 내린 배낭 여행객들의 도움을 받아 간신히 시내에 도착했다. 시내인 Massena 광장에 도착했지만 어느 곳이 호스트가 타라고 안내해 준 Meton행 버스 정류장인지 알 수가 없었다. 다시 한번 주특기인 무작정 질문을 활용해서 찾아냈는데 표지판이 너무 허접하게 돼 있어서 1시간 반 동안 정처 없이 헤맸다. 와이파이도 잘 안되고 덥고 습하고, 짜증 지수 200%였다.

우여곡절 끝에 간신히 100번 버스^{Menton행}를 탔다. 정말 계속 느끼지만 한국만큼 교통 통신이 잘 발달한 곳이 없다. 그래도 이 버스는 €1.5^{₩2,000}밖에 안 했다. 엄청 저렴하다. 같이 탄 승객분들에게 궁금해서 여쭤보니 모나코와 니스를 왕복하며 일을 하는 사람들을 위해 이렇게 저렴한 거란다. 버스를 타고 가다 보니 아까 힘들었던 일들이 싹 잊힐 만큼 버스 창문을 통해 보이는 풍경들이 너무 예뻤다. 모나코 바다와 집들의 조화가 너무나 아름다웠다. 지중해에 온 기분이었다. 모나코는 원래 여행 코스에 있진 않았지만 이렇게나마 볼 수 있어서 너무 좋았다. 나의 고통을 씻어주는 느낌이었다.

간신히 Menton 버스정류장에 도착했다. 예정 시간보다 3시간 늦은 오후 5시였다. 호스트인 Stephane이 차를 몰고 나를 찾아왔다. 와 진짜 눈물 날 뻔했다. 진심으로 너무 당황스럽고 힘들었었다. 예상치 못한 버스 도착 시간 지연, 당황스러운 도착지, 어딘지 모를 버스정류장… 그래도 다행이었다. Stephane이 진짜 대인배처럼 진짜 고생 많았다고 오히려 보듬어 줬다. 그리곤 차에 타서 이탈리아로 장을 보러 가기로 했다. 프랑스에서 모나코로 갔는데 왜 이탈리아냐고 반문할 수 있다. 근데 진짜 신기한 게 Menton에서 2km밖에 안 되고 이탈리아가 물가가 많이 싸서 다들 그렇게 간다고 한다. 진짜 싸긴 싸다. €7.5$^{₩10,000}$로 와인, 맥주, 채소, 소시지를 다 살 수 있었다. 진짜 신기한 유럽연합이다.

Stephane의 집으로 갔는데… 거기는 Ecolde였다. 한마디로 친환경 집이다. 심지어 산속에 있었다. 집만 덩그러니… 하나씩 살펴보니 태양열 에너지를 이용해서 전기를 다 이용하고, 가스, 버너로 충분히 편하게 살기 좋아 보였다. 하지만 막상 사용해보니 샤워를 할 때도 여간 불편한 게 아니었다. 가스통이 불량이어서 조심조심 틀어서 물을 데워야 했는데, 나름 조심했음에도 많이 틀어져서 Stephane이 짜증을 내기도 했다. 그리고, 핸드폰 충전도 태양열 전지로 충전을 하는 방식이었는데, 배터리가 충분치 않아서 충전을 많이 할 수 없었다.

친환경 Ecolde 집 『방열을 위해 우주선처럼 실내 인테리어 한 게 포인트』

　그래도 자연의 경치는 정말 끝내줬다. 경치를 즐기면서 가볍게 맥주를 한잔하고 볶음밥을 해줬는데, 이태리산 소시지로 만들어서 그런지 엄청 맛있었다. 같이 다트 게임도 하고 별이 쏟아질 것 같은 밤에 'Falling slowly' 노래도 불러주었다. 수많은 별들을 보며 노래를 하니 그 순간만큼은 내가 우주가 된 느낌이었다. 역시 산속이어서 그런지 자연과 하나가 된 기분이었다. 유럽에서 이런 특별한 경험을 할 수 있다니 정말 꿈만 같았다.

Ecolde에서 하룻밤 자고 난 뒤 호스텔이 있는 시내로 향했다. 사실, 니스에 오기 전부터 카우치 서핑에서 연락을 했던 호스트 집에서 머무를 생각이었는데 이 친구가 성희롱적인 사진도 보내고 불편하게 하길래 아예 끊어내고 호스텔로 향했다. 참 별별 사람이 다 있다.

도착한 호스텔에는 한국 사람이 엄청 많았다. €20^{₩27,000}을 내고 체크인을 했다. 피 같은 돈 ㅠㅠ 하지만, 중간중간 이렇게 호스텔에서 쉬는 것도 좋은 것 같다. 어차피 버스킹으로 돈을 벌면 되니깐! 그리고, 비상금도 있으니 걱정하지 말자 생각하고 들어갔다. 숙소는 조용하고 식당도 따로 있어서 엄청 편리했다. 침대 정리를 하다가 옆에 침대에 걸쳐진 수건에서 익숙한 글자를 발견했다. 한글이었다. 잘못 본 줄 알고 다시 봐도 한글이었다. 그러다가 누가 들어왔는데 알고 보니 한국 누나들이었다. 너무 어려 보여서 둘 다 학생인 줄 알았는데 직장인이었다. 오랜만에 한국인들을 숙소에서 보다니! 너무 반가웠다. 같이 저녁에 밥도 먹고 놀러 다니자고 약속을 했다.

저녁에 누나들과 함께 우리만의 디너 파티를 했다. 감자, 파스타, 햄버거, 치즈, 샴페인 등등 파티가 따로 없었다. 성대한 파티를 하고 나서 근처에 있는 공원과 바다를 거닐었다. 공원은 한낮에는 사람이 많지만 밤에는 굉장히 한산했다. 외롭게 기타를 치고 계시는 버스커 분이 우릴 반길 뿐이었다. 해변을 향하니 삼삼오오 모여서 병맥주를 마시며 이야기꽃을 피우고 있는 여행객들, 대학생들이 보였다. 좌아악 좌아악 밀려오는 바닷소리까지 음악과 너무 잘 어울리는 한 폭의 그림이었다. 그래서 우리는 그냥 해변에 걸터앉기로 했다. 노래 좀 들려달라는 누나들의 얘기를 듣고 바로 가방에서 기타를 꺼냈다. 그리고서는 누구나 아는 노래를 불렀다. '여수 밤바다 - 버스커 버스커', 마음이 통했는지 옆에 있던 외국인들이 박수도 쳐주고 노래를 계속 이어 나갔다. 김광석 님의

'잊어야 한다는 마음으로'도 불렀다. 나도 모르게 여행하면서 힘들었던 무언가를 바다에 떠나보내고 싶었나 보다. 괜히 센치해지는 밤이었다.

니스 해변에서 '여수 밤바다' 부르기

03. 위기를 기회로!

니스에서의 마지막 날이었다. 짐도 다 싸놓고 목이 좋지 않지만, 뭐라도 해야겠다는 마음에 니스의 뷰 맛집인 캐슬힐로 가보기로 했다. 그 근처 시장을 통해서 걸어갔는데 정말 생동감이 넘쳤다. 바다 근처여서 그런지 각종 싱싱한 수산물들이 펄떡이고 있었다. 근데 알고 보니 여기는 오전만 열리는 시장이었다. 오후 2시인가? 다시 가봤더니 다 떠나시고 셔터 닫힌 상점들만 보였다. 정말 한국에서는 상상 못 할 일이다. 허허 유럽은 뭔가 다 이런 느낌이다. 한번 하고 쉬고 유유자적하는 느낌이기도 하다. 우리도 이런 문화가 있다면 좋지 않을까? 너무 빠르게만 살아야 하는 강박관념에서 벗어나 편안하게 사는 삶 말이다.

그렇게 걸어가다가 거리공연 하는 흑인분이 있으셔서 옆에 있는 매니저에게 말을 걸어봤다. 스페인에서 왔고 지금이 세 번째 시도라고 하셨다. "Cheer up"을 외치고 쿨하게 캐슬할 쪽으로 계속 이동했다. 올라가니 경치가 대박이었다. 정말 여행 다큐에서나 볼 수 있던 광경이 펼쳐졌다. 하늘과 바다색이 똑같아서 데칼코마니 해놓은 느낌이 들었다. 그리고, 옆으로 펼쳐진 백사장과 고풍스러운 건물들이 너무 잘 어우러져서 하나의 수채화를 보는 느낌이었다. '와 이런 게 진짜 경치구나'라는 생각이 절로 들었다. 여기가 버스킹하기엔 제격이라고 생각해서 목 상태가 안 좋았지만 바로 시작했다. 이곳은 너무 아름다운 풍경이어서 '꽃송이가' 'Now And Forever' 등 아름다운 노래들 위주로 많이 불렀다. 처음엔 무심하게 가는 사람들이 대부분이었지만, 어떤 아저씨가 대포 카메라로 사진을 찍으시더니 정성스레 동전을 던져주셨다. 한 곡을 마치고 감사한 마음에 말씀을 건넸다.

"오, 감사합니다. 부부 동반으로 여행 오셨나 봐요?"

"네 맞아요. 노래 너무 아름다워요. 신나 보이고! 어디서 왔어요?"

"한국이요. 한국 아세요? North 아니고 South요!"

"아 알죠~ 한국 좋아해요! 아 그리고, 혹시 사진 찍은 것 사용해도 될까요?"

"아 그럼요! Even better!"

"사실 저는 사진 찍을 때 인물을 찍으면 항상 보답하려는 마음이 있어서요." (1유로 더 주심)

"OMG 감사합니다. 제 인물이 좋을진 모르겠지만! 잘 사용해주세요! 정말 감사해요!"

자신이 인물을 찍으면 그에 대해 보답을 하는 마음가짐. 너무 멋있다는 생각이 들었다. 버스킹을 끝내고 가려던 찰나에 어제 숙소에서 만난 누나들을 마주쳤다. 먼저 캐슬힐 정상까지 올라갔다가 내려오는 길이라고 했다. 캐슬힐의 꼭대기에 사람 많다는 제보를 받고 올라가 봤다. 목도 아프고 힘들어서 공연은 안 해야겠다고 생각했으나 정상에 올라가니 생각이 달라졌다.

아까와 다르게 또 다른 경치가 펼쳐졌다. 갈색 지붕 집들과 바다가 한데 어우러져 나에게 산들산들한 노래를 불러주는 기분이었다. 그래서 나도 모르게 기타를 꺼내서 노래를 불렀다. 공연을 위한 공연이 아닌 이 분위기를 느끼고 간직하고 싶어서 시작했다. 'I'm Yours'로 시작한 미니 콘서트, 웃음이 많은 아주머니와 꼬맹이가 손에 쥐어준 1유로를 시작으로 행복해 보이는 커플 등 많은 분이 기타 가방에 동전을 하나씩 하나씩 채워주셨다. 너무 감사했다. 다시 한번 진호 형의 명언이 생각이 났다. 돈을 위해서가 아니라, 정말 진심으로 그 분위기를 즐기고 같이 마음이 통했을 때 제대로 된 버스킹이 될 수 있다는 말. 이날 생각지 못

하게 €7.6$^{₩10,000}$를 벌었다. 평일치고는 잘 벌은 셈이다. 무엇보다 니스에서 좋은 포인트를 알아내서 기뻤다. 공연을 마치고, 파리로 향하는 기차를 타기 위해 서둘러서 호스텔로 돌아왔다.

짐을 찾고 기차역으로 향했다. 하지만, 아주 예상치도 못하게 철도노조 파업으로 인해서 우리가 타기로 한 기차도 없어졌다. 안내데스크 직원에게 물어보니, 기차 파업은 어쩔 수 없다며 10시간 뒤에 다시 오라고 하는데 정말 어이가 없었다. 왜냐하면 내가 구매했던 티켓은 야간열차로 자면서 이동하는 것이어서 이 늦은 시간에 숙박 문제도 해결해야 했기 때문이다.

'이게 대체 무슨 일이지?'

내가 타려던 기차 승무원에게 따졌더니 우왕좌왕하며 말도 안 통해서 한동안 실랑이를 벌였다. 그렇게 발이 묶인 손님들이 한둘이 아니었다. 그러던 중, 같은 처지인 한국인과 만날 수 있었다. 나와 세 살 차이 나는 '주호' 형이었는데 우리는 쿵짝이 잘 맞아서 그 승무원에게 영어를 할 수 있는 Supervisor를 불러오라고 부추겼다.

결국엔 매니저급 직원분께서 나오시더니 유창한 영어로 해결을 해줬다. 심지어 일반 야간열차를 무려 TGV^{떼제베}로 바꾸어 주셨다. 10시간 넘게 걸려서 가야 하는 구간을 5시간이면 갈 수 있게 되었다. 한국인의 저력을 보여준 것 같아(?) 뿌듯한 순간이었다. 그렇게 문제를 다 해결하고 보니 10시였다. 티켓 다음에는 숙박이 문제였다. 그래서 함께 전우애를 다진 주호 형과 함께 그 시간에 갈 수 있는 호스텔을 이 잡듯이 찾았다. 우리나라는 10시면 체크인해도 전혀 상관없는 시간이지만 유럽은 달랐다. 연락이 안 되는 곳도 많고, 가격이 더 비싼 곳들도 있었다. 결국 어느 정도 포기하고, 그냥 돈을 조금 더 쓰더라도 가까운 데로 가자고 했다. 역 앞에 있는 호스텔로 가게 되었는데 정말 운 좋게도 할인을 받아서 €14^{₩19,000}에 아주 좋은 방을 구할 수가 있었다. 알고 보니 손님이 없었던 것이다. 그래도 기분은 좋았다!

한국인의 합동심으로 성취해낸 TGV 티켓

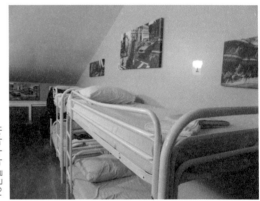

10인실이다!

10인실에 들어오니 우리 둘만 덩그러니 있었다. 안도의 숨을 쉬고 뭐라도 먹자고 이야기하고 라운지로 나섰다. 그런데 그곳에는 파티가 펼쳐지고 있었다. 다양한 나라 친구들이 식사도 하고 맥주, 샴페인도 마시면서 즐거운 시간을 보내고 있었다. 그리고 한국 사람들이 엄청 많았다. 다들, 기차 파업 때문에 여기서 발이 묶인 얘기를 듣고 한바탕 웃고 동질감을 느꼈다. 만나서 한국 사람들끼리 볶음밥과 스파게티를 나눠 먹었다. 우리가 다들 손이 컸는지, 너무 많이 만들어서 옆 테이블 친구들한테도 나눠주면서 정 넘치는 시간을 보냈다. 이야기를 나누다 보니, 음식점을 차리기 위해 음식을 배우러 세계여행 중이신 40대 형님과 세계여행 6개월차라는 누님도 계셨다. 그리고 프랑스에 살기 위해 왔다는 형님의 인생 스토리도 들을 수 있었다. 한국에 이렇게 멋진 분들이 넘치는구나! 그리고 6개월 차 세계여행 중인 누나도 있었고 정말 신기한 사람들만 모인 자리에 내가 이렇게 함께할 수 있게 해준 철도노조분들께 감사(?)하기도 했다. 하루에 이렇게 많은 일이 일어나다니, 너무나도 신기한 날이었다.

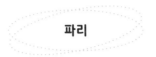

파리

01. I love Everything of Paris!

　　호스텔에서 신나는 파티를 마친 다음 날에 아침부터 일찍이 서둘렀다. TGV가 오전 7시35분에 출발하기 때문이었다. 기차 내부는 꽤 장히 쾌적했다. TGV를 타려면 돈을 많이 내야 하는데 호스텔값에 추억까지 치면 오히려 이득이었다. 5시간 동안 '비긴어게인' 영화도 보고 가사도 외우다 보니 시간이 훅 지나갔다. 주호 형과 헤어지고 루브르 박물관에 같이 가자는 약속을 하고 헤어졌다.

　　카우치 서핑으로 잡은 미로 같은 파리 속에서 호스트의 집을 찾아가야 했다. 하지만, 걱정은 없었다. 니스에서 한번 호되게 당하고 난 후 이제 타지에서 길 찾는 데에는 도가 텄기 때문이었다. 파리에서의 호스트 이름은 Nicolas, 프랑스인이고 여자친구는 Carla 이태리인이다. 둘이 같이 동거를 하고 있는데 이젠 이런 문화도 나는 익숙해졌다. 유럽 문화를 정말 가까이하며 여행을 하다 보니 동거는 생각도 못 해봤던 내가 '연인이 결혼하기 전에 동거를 해보는 건 서로를 더 알아가는 데 반드시 필요한 과정'이라는 생각도 들었다. 요새는 동거에 대한 인식들이 많이 바뀌긴 했지만 아직 유교적인 문화를 벗어나진 못하는 것 같아 시간이 더 필요할 것 같기도 하다.

Paris의 스윗커플 host 『Nicolas, Carla』

　만나서 짐을 풀고 이야기를 하다 보니 Nicolas는 4개 국어를 할 줄 아는 능력자였다. 프랑스어, 이태리어, 스페인어, 영어까지…. 진짜 대박이다. 너무 멋있었다. 나는 영어라도 잘해야겠다고 굳게 마음먹었다. 그리고 Nicolas는 프로그래머이고 Carla는 디자이너였다. 참 둘은 보기 좋은 커플이었다. 또, 내 여행 컨셉이 너무 마음에 들어서 빨리 만나보고 싶었다고 말하는 스윗함을 보여주기도 했다. 마음이 참 따뜻해지는 순간이었다.

　지도를 펼쳐서 가성비 좋은 맛집들과 Bar, 좋은 View도 알려줬다. '오, 좋아 좋아. 진짜 좋은 Host구나!' 그들에게 한국 음식을 해주기로 약속했다. 그리고는 전날에 만난 주호형과 함께 루브르에서 만났다. 야간 개장인데 26살 이하는 공짜였다. 유럽은 이렇게 문화적인 부분에는 무료로 오픈하는 문화 행사가 굉장히 많았다. 나 같은 소(小)전 여행러에겐 가뭄에 단비와 같은 기회였다. 망설일 게 뭐 있나? '무조건 고!' 그리고, 운 좋게도 더블린에서 만났던 미래도 파리에 있어서 같이 가기로 했다.

　　미알못인 나에게 루브르는 너무 과분했다. 그리고, 너무너무 커서 어떤 순서로 봐야 하는지도 잘 몰랐다. 그래도 미래가 잘 찾아줘서 요리조리 다니면서 중요한 것만 봤다. 들라크루아의 '민중을 이끈 자유의 여신' 정도만 기억에 남는다. 근데 그것보다 박물관 앞에서 했던 행위예술(?)이 더 기억에 남았다. 후루룩 훑고 나와서는 주호 형의 부탁으로 <꽃보다 청춘>에 나왔던 동작을 따라 했다. '루브르 루브르' 외치면서 빙글빙글 도는 영상이었는데 공연하는 것과는 다르게 왠지 모를 부끄러움이 머리끝부터 밀려들었다. 그렇게 영상을 몇 번 찍었는데 지나다니는 관광객들이 모두 쳐다보고 흐뭇하게 웃으면서 지나갔다. 할 때는 진땀을 뺐는데 하고 나니 나름 뿌듯한(?) 기분도 들었다. 추억이니까 해보자고 했었는데 지금까지 동영상을 틀어볼 때마다 그때의 감정이 살아나서 움찔움찔한다. 그러고 나서 개선문과 에펠탑까지 걸어서 도착했다. 가는 길에 맥주와 먹거리를 좀 사서 에펠탑 앞에 앉아서 우리만의 작은 파티를 열었다. 사람도 많지 않아서 한산하니 딱 좋았다. 운치 있게 불이 켜진 에펠탑 앞에서 맥주를 마신다니! 한강에서 맥주 먹는 것과는 차원이 달랐다. 역시 노래가 빠질 수 없다. 경치가 너무 좋아 죽겠으니 10cm의 '죽겠네'를 불러야 한다고 해서 웃으면서 파티의 흥을 돋우기도 했다. 파리에서의 감성은 정말 아름다움 그 자체였다. Paris의 호스트, 함께 여행을 하는 주호 형, 미래, 에펠탑이 주는 경외감, 모든 것이 어우러지는 아름다운 밤에 이렇게 느낄 수밖에 없었다.

'I love Paris!'

Nicolas 커플에게 볶음밥을 해주기로 한 날이었다. Nicolas와 같이 장을 보러 갔다. 많이는 아니지만, 3인이 먹기 넉넉할 정도로 파프리카, 베지테리언 소시지_{채소. 야채로 만든 것}를 샀다. 유럽은 채식주의자들을 위한 마켓도 따로 있고, 정말 식문화가 한국과는 많이 다르다는 생각이 들었다. 가축류들의 사는 환경, 도축 방법들을 보고 듣고 나서는 여자친구인 Carla와 함께 채식주의자가 되었다고 한다. 그리고, 채식주의자들을 위한 제품들도 잘 나와 있어서 쉽게 식습관을 바꿀 수 있다고 했다. 듣고 보니 나도 수긍은 했지만 한국에서 채식주의자로 살기엔 너무 어렵겠다고 생각했다.

점심을 하면서 가짜 소시지를 썼는데도 나름 맛은 고기 느낌이 나서 괜찮았다. 이젠 어떻게 볶음밥을 만들더라도 평균 이상은 할 수 있다는 것을 알았다. 정말 맛있게 먹어줘서 더 고마웠다. 이게 한국의 볶음밥이라며 자랑스럽게 이야기했다.

여유롭게 점심을 먹은 뒤에, 오후 4시쯤 에펠탑으로 향했다. 근데 사람이 지나치게 많았다. 오히려 나에겐 공연하기 불리한 조건이었다. 내 앰프는 아주 사랑스러울 정도로 작고, 용량이 크지 않았다. 그래서 사람이 적당히 있고, 소리가 울릴 수 있는 공간이어야 하는데 여기저기 사람들로 다 꽉 차 있어서 버스킹할 장소를 물색하는 데 한참 시간이 걸렸다. 그러다 근처에 있는 샬롯 궁전에서 공연하는 것이 더 좋을 거 같아서 이동했다. 다시 한번, 한참 찾아보고 자리를 폈는데 이번에는 경비원분이 동상 앞에선 안 된다고 단호하게 말했다. 다시 주섬주섬 기타와 앰프를 챙기고 계단 쪽에 다시 자리를 잡았다. 그러나, 내려가는 길에는 비보이들이 아주 큰 스피커로 공연을 하고 있었고 너무 사람이 많아서 내 노래는 거의 개미 소리처럼 묻혔다. 결국엔 포기할 수밖에 없었다. 이후에 있을 더 좋은 공연을 위한 배움의 시간이었다고 생각하고 끝냈다.

저녁에는 Nicolas와 Carla가 친구들과 함께 Bar에 간다기에 나도 동참했다. 7시 반에 모여서 술과 감자로 먼저 허기를 채우고 얘기도 하다 보니 어느새 8명이 되었다(코로나 시국에는 4명만 모이기도 어려운데 8명이라니 그때가 너무 부럽다). 친구의 동생, 친구의 여자친구, 친구의 친구 등등 너무 많아 기억도 잘 나지 않는다. 8명이 모여서 수다를 떨다 보니 일찍부터 흥이 올라왔다. 간단하게 입가심을 했으니 이제 밥을 먹으러 가야 한다고 해서 따라나섰다. 어리둥절했지만 친절한 Nicolas는 프랑스의 문화는 간단한 술 한잔 뒤에 식사를 하는 게 일반적이라고 친절하게 얘기해줬다. '어휴, 스윗해….' 내가 여자였어도 반했을 것 같다. 그리고 원래 음악을 좋아한다는 친구들이어서 그런지, 길거리를 지나가면서 노래도 흥얼거리고 내 노래를 빨리 들어보고 싶다고도 했다.

Nicolas의 친구 Fredrick과 그의 여자친구 『행복하게 살고 있겠죠?』

친구들이 나를 배려해서 프랑스식 중국집에 가서 누들류를 시켰는데 생각보다 맛있었다. 가게는 작은데 사람이 너무 많아서 포장을 해서 퐁피두 센터 앞에서 같이 먹기로 했다. 맥주가 빠질 수 없어서 칭타오 큰 병도 함께 샀다. 그냥 관광지로만 생각했던 퐁피두 센터 앞에서 프랑스 친구들과 라면을 먹고 있다니 진짜 제대로 된 여행을 하고 있구나 생각이 들면서 웃음이 났다. 배불리 먹었는데도 한 €7^{₩9,000}밖에 안 들었다. 심지어 내 돈은 여행 컨셉을 들은 친구들이 십시일반해서 내주기도 했다. 너무 감동이었다. 보답으로 퐁피두 센터 앞에서 미니 콘서트를 열었다. 'Creep - Radiohead', 'Sunday Morning - Maroon5', 자작곡을 들려주니, 흥이 많은 친구들이라 그런지 폭발적인 반응이 있었다. 지나가던 시민들도 박수를 쳐주기도 했다. 그리고 신기하게도 스페인 사람인 David라는 친구도 곡을 쓴다고 해서 들어봤는데, 신기하게도 진짜 Spanish 곡처럼 정열적인 느낌이 확 들었다. 그 친구가 부르는 노래 가사 중에서는 Amigo, Fiesta라는 단어 정도만 알아들을 수 있었다. 그래도 음악은 Feeling으로 통한다는 것을 다시 한번 느낄 수 있었다.

그리고 Nicolas도 그렇지만 이 친구들은 대체로 3~4개 언어를 사용할 줄 알아서 이 언어로 대화하다가 저 언어로 대화하는 것이 참 신기했다. 나도 저렇게 대화하고 싶다는 생각도 많이 들었고, 이런 여행이 아니면 언제 이런 경험을 해볼까 하는 생각이 들었다. 정말 여행을 통해 문화를 배우고, 다양한 인사이트들을 얻을 수 있다는 게 너무나 감사했다. 자기 전에는 마지막 날이라고 생각해서 한국 전통 문양 책갈피와 작은 손 편지를 선물로 주면서 훈훈하게 하루를 마무리했다.

AMIGO!

03. Falling in the Paris Music!

아침에 짐을 싸며 오늘 다른 Host 집으로 가는데 밤 10시에 이동할 것이라고 전하니, 그냥 안전하게 하루 더 자고 가도 괜찮다고 배려해줬다. '와! Nicolas, Carla 너무 착하다.' 진심으로 고마웠다. 어제의 선물이 진심이 통한 것일까? 어찌 됐든 너무 감사했다. 심지어 점심도 만들 예정이니 먹고 가라고 해줬다. 양송이 리조또였는데 이탈리아 출신의 Carla가 직접 요리를 해줬다. 역시 이태리느님의 손맛인지 엄청나게 맛있었다. 채수와 밥, 볶은 양송이를 섞어서 끓여 만든 음식이었는데 따뜻하고 고소한 게 입맛에 딱 맞는 음식이었다.

밥을 먹고 나서는 노트르담 근처에 가고 싶어서 기타를 들고 무작정 출발했다. 이곳저곳 추천도 받아서 다녀봤지만 마땅히 내가 가진 장비와 개성을 발휘할 만한 장소가 보이지 않았다. 그래도 포기하지 않고 무작정 계속 걷다 보니 뮤지션 다리^{St. louis 다리}를 발견했다.

뮤지션 다리 - St. Louis 『신촌 차 없는 거리 같다』

보는 순간 사랑에 빠진 기분이었다. 색소폰, 아코디언, 주방 기구를 이용한 난타, 피아노를 통째로 들고 온 버스커, 끈과 팽이로 묘기를 부리는 사람, 인형극 하는 사람 등등 그곳은 진짜 버스커들의 천국이었다. 한참을 넋 놓고 구경하다가 잠깐 쉬고 있는 피아노맨에게 물어봤다.

"여기서 라이센스 없어도 공연할 수 있는 거예요?"

"아니, 법적으론 있어야 하는데. (내 기타와 앰프를 쓱 훑어보더니) 음, 기타랑 그 작은 앰프밖에 없는 거야?"

"네. 저는 지금 유럽 배낭여행하고 있거든요. 그러려면 짐은 최소화해야 해서요."

"아, 그럼 저쪽 공원 앞에서 하는 게 더 좋을 것 같은데? 사람도 여기보다 한산해서 덜 시끄럽고 집중도 잘될 것 같아. 마침 오늘 거기 맨날 오는 기타맨이 없더라고. 그쪽으로 가봐!"

그 말을 듣자마자 바로 출발했다. 오자마자 아 저기구나 싶은 곳에서 기타 가방을 내려놓고 공연을 시작했다.

몇몇이 지나가면서 관심을 주고 동전도 던져줬다. 마침 '서른 즈음에'를 부르고 있을 때였다. 한국말이 들렸다.

"어머, 한국 사람인가 봐! (소곤소곤)"

비록 노래는 하고 있었지만 다 들렸다. 곡을 마치고 한국어로 인사했다.

"안녕하세요!"

하자마자 깜짝 놀라며 "그쵸! 한국 사람 맞죠?" 하시며 아주 반가워하셨다.

이야기를 나눠보니 아이들과 함께 가족여행을 온 것이었다. 그런데,

아이들과 아이들 어머니는 파리지앵이고 이모와 그 어머님만 여행을 오신 거였다. 여자아이는 여기서 모델 일을 하고 있다고 해서 정말 신기했다. 그래서인지 카메라를 들이대니 바로 모델 포즈가 나왔다. '역시 모델은 다르군!' 故김광석 님의 노래를 몇 곡 더 불러드렸다. 한국 노래를, 심지어 좋아하던 노래를 파리에서 들을 수 있어서 너무 고맙다며 연신 이야기해 주셨다. 팁도 잊지 않으셨다! 서로 안전 여행하자며 파이팅! 외치고 헤어졌다. 계속 공연을 하다 보니 모르는 여자아이들이 관심을 가져주었다. 그래서 기회를 놓치지 않고 좋아하는 노래가 있냐고도 물어보고 Creep을 신청곡으로 불러주기도 했다. 외국인과 영어로 대화하는 것이 두려웠던 게 불과 여행 몇 달 전이었는데 신청곡도 받다니 나 스스로가 대견해지는 순간이었다.

한국 파리지앵 가족

공연을 즐겁게 마무리 짓고 다시 한번 뮤지션 다리에 들렀다. 거기에서 서성이는 기타맨이 있길래 반가운 마음에 바로 말을 걸었다. 이름은 Joan, 베네수엘라에서 왔고 프로 뮤지션을 지향하고 있었다. 버스킹을 하려고 왔는데 자리가 꽉 차서 그냥 기다리는 중이었다. 그래서 얘기도 하고 혹시 기회가 되면 중간에 나도 공연을 할 요량으로 같이 기다려도 좋겠냐고 제안을 했다. 아주 흔쾌히 받아들여 준 덕에 내 여행 이야기와 서로의 음악 취향 등을 얘기하면서 피아노맨의 버스킹을 즐겼다. 그렇게 2시간을 같이 기다렸지만, 저녁이 다 지나가도 피아노맨은 전혀 일어날 생각을 하지 않아서 Joan과 나는 그냥 포기하기로 했다. 서로에게 좋은 동기부여가 됐다고 얘기하며 우리는 헤어졌다. Joan은 매일 3-4시쯤 공연을 하니 또 오라며 쿨하게 인사했다. 좋은 음악, 뮤지션, 문화를 느낄 수 있어서 굉장히 운 좋은 날이었다고 생각한다. 하루 동안 정말 많은 분께 음악을 선물해드리고 선물 받은 행복한 날이었다.

베네수엘라 출신 뮤지션 Joan과 함께 『피아노맨이 철수하길 기다리면서』

04. 아쉬운 헤어짐과 또 다른 따뜻한 만남

다음 날 저녁 새로운 호스트 집으로 떠나게 되었다. 떠나야 하는 입장에서 다소 아쉬운 기분은 가시질 않았다. Nicolas, Carla와 정이 들었기 때문이었다. 비슷한 또래여서 그런가? 즐거운 추억들이 한 무더기였다. 퐁피두 센터에서 라면을 먹으면서 미니 콘서트를 한 것, 볶음밥을 베지테리언 식으로 해서 같이 맛있게 먹었던 것, 양동이 리조토를 함께 먹은 것, 오늘 토마토&고추장 스파게티를 해준 것까지 모든 것이 추억이었다.

마지막으로 떠나기 전 저녁 식사 때는 양송이 스프에 이태리 빵, 그리고 따뜻한 프렌치 바게트를 곁들였던 것까지 기억에 남는다. 진짜 사랑스러운 커플과 즐거운 시간을 보낼 수 있어서 행복했다. 내가 했던 부탁을 모두 들어주고, 친절하게 대해주고, 하나하나 알려주어 참 좋았다. 그래서 헤어질 때 정말 나중에 한국에 놀러 오면 꼭 연락하라고 신신당부를 한 5번은 한 것 같다. 내가 맛집을 찾고 여행 코스까지 짜서 가이드해 주겠다고 할 정도였다.

그렇게 아쉬운 마지막 저녁을 먹고 다음 호스트의 집으로 출발했다. 30~40분 만에 도착해서 집 주소를 정확하게 맞추고 집이 있는 7층으로 올라왔다. 나를 반겨주는 호스트 Eric이 있었다. 그는 50대임에도 엄청 동안이었다. 처음 집에 들어와서 든 생각은 이러했다.

'와... 여기 진짜 예쁘네!'

정말 사랑스러운 집이었다. 테라스도 두 개나 있고, 멋진 소파도 있었다. 마침 저녁 시간이라고 하셔서 나도 조금 먹겠다고 하니, 파스타와 와인, 치즈 머핀까지 풀코스로 대접해주셨다. 너무 감사했다. 그래서 답례의 의미로 다음 날 한식 대접과 미니 콘서트를 하겠다고 하니 내일은 당신의 아들도 오는 날이니 잘됐다고 엄청 좋아하셨다. 볶음밥을 진짜 정성껏 준비해야겠다는 생각이 들었다. 저녁 식사를 마치고, 따뜻한 침대 자리도 만들어 주시고, 향초도 피워주셨다. 덕분에 기분 좋게 하루를 마칠 수 있었다.

이렇게 마음씨 좋은 분들을 계속 만날 수 있었던 것에 너무나도 감사했다. 전생에 나라를 구하진 못했어도 어느 정도는 일조를 한 기분이었다. 앞으로 한국에 돌아가면 나도 원룸에서라도 카우치 서핑 호스트가 되어서 여행객들에게 도움을 줘야겠다는 결심을 했다.

05. Fredrick과의 데이트?

아침에 일어나니 호스트인 Eric은 메모만 남기고 출근한 상태였다. 나는 밀린 빨래를 하고 저녁 한식 대접을 위해 장도 봐야 했다. 장을 보면서 동네를 둘러보니 이민자들이 많이 사는 지역이어서 그런지 아프리카, 중동 사람이 많았다. 저번 파리 친구들과 퐁피두 센터에서 모였을 때 Fredrick이 다음에 유명 관광지가 아닌 현지인들이 가는 Non-touristic한 '21지구' 여행 가이드를 시켜준다고 했다. 그게 바로 이날 오후에 할 여행이었다.

오솔길에서 환하게 웃는 Fredrick과 나

밖을 보니 먹구름이 보였다. 일기예보에도 소나기, 가벼운 비가 계속된다고 나와 있었다. 우산을 쓰더라도 그냥 여행하자는 Fredrick의 문자 답장에 바로 자리를 박차고 일어났다. 만남도 쉽지 않았다. 파리 지하철역이 헷갈려서 다른 곳에서 내리는 바람에 한참을 찾다 간신히 만날 수 있었다. 급하게 달려가 늦은 이유를 주저리주저리 설명하니 괜찮다고 나를 안심시켰다. 정말 이 친구들은 왜 이리도 착한 것인가! Fredrick이 파리 전경이 보이는 전망 공원이 있다고 해서 같이 갔는데 공원 문이 단단히 닫혀 있었다. "오, 공원이 문을 닫았네. 이런…."이라고 하니 우리 앞에 있던 여자아이가 "네, 닫혀있어요. 날씨가 너무 안 좋아서요!"라고 말해줬다. 아쉬운 마음에 발끝을 들어 올려서 보려고 노력했다. 그래도 약간 흐리지만 보이긴 보였다. 그 정도로 만족하자 싶었다. Fredrick도 날씨 때문에 아쉽다며 다음에 또 기회가 있으면 같이 오자고 나를 다독였다. 걷다 보니 조그만 길들이 펼쳐지고 숲처럼 보이는 길도 있었다. 아쉬운 마음에 골목골목에서 사진도 많이 찍으면서 즐거운 시간을 보냈다. 그리고, 여기서 Paris가 탄생했다는 설명도 들을 수 있었다. 이런 설명을 어디서 또 들어볼 수 있을까? 현지인과 함께하는 여행만의 장점 같다.

Fredrick은 맥주를 매우 좋아했는데, 처음 만났을 때부터 벨기에 맥주 찬양을 계속했다. 벨기에에도 갈 예정이었으므로 기대가 컸다. 제조 방법이 기본 맥주에 발효주와 설탕을 두 번씩 넣는댔나? 기억이 가물가물하다. 그렇게 Fredrick의 벨기에 맥주 찬양가를 듣다 보니 어느새 21지구 한 바퀴를 다 돌았다. 쉴 요량으로 커피숍에서 커피나 먹을 생각으로 노천 자리에 앉았다. 천장에 난로도 설치되어 있어서 따뜻하게 차를 마실 수 있었다. 나는 돈을 아껴야 해서 에스프레소를 시켰고 Fredrick은 따뜻한 와인을 먹었는데 생각보다 괜찮았다! 지금은 누구나 뱅쇼를 알지만, 이때만 해도 한국에는 별로 없는 차여서 잠깐 맛보았을 때 진짜 신세계였다. 감기에 걸리거나 할 때 약으로도 많이 먹는다고 해서 매우 신선했다.

노천카페에서 에스프레소 한잔

    즐거운 파리 시내 데이트를 마치고 집에 돌아와서 Eric과 그의 아들을 위한 한식을 준비했다. 칼과 도마가 별로여서 쉽진 않았지만 최선을 다했다. 역시 진짜 소시지가 들어가니 맛이 확실히 좋았다. 그리고 Eric의 아들인 Camel도 왔다. 그는 15살이었고 농구 선수였다. 그런데 좀 당황스러웠다. Eric과는 다르게 흑인이었기 때문이다. 궁금증이 폭발할 시점에 Eric이 당연한 반응이라는 듯이 친절히 설명해줬다. Camel을 이민자를 돕는 프로그램에서 만났는데 처음엔 도움만 주다가 나중에는 양자로 받아들여서 아들처럼 키우고 있다고 했다. 와~! Eric은 진짜 친절할 뿐만 아니라, 너무 멋진 사람이라는 생각이 들었다. '나는 여행하면서 어떻게 이렇게 좋은 분들만 만나는 것일까?' 사실 어제도 인성에 반했는데 오늘은 존경심마저 들었다. 언어, 인종을 넘어 정말 내가 할 수 있는 최고의 찬사를 드리고 싶었다. 그래서 한국 노래도 불러드리고, 전통 책갈피에 편지까지 써서 선물하며 훈훈한 시간을 가졌다. 노래를 불러드리니 역시나 젠틀맨답게, 여태껏 이런 장르의 노래는 들어본 적이 없는데 너무 고맙다고 해주셨다.

Eric과 그의 아들 Camel과 함께 Cozy한 집에서

일생일대에 이렇게 존경할 수 있는 사람과 함께할 수 있는 시간이 있을까? 이 여행을 할 수 있게 도움을 주었던 모든 분들에게 감사한 시간이다.

루앙

01. 몽마르뜨부터 루앙으로! So lovely Home!

아침부터 햇빛이 상쾌하게 나를 반겨주었다. 햇빛을 보고 기쁜 맘으로 마늘 가루를 듬뿍 넣은 스파게티를 만들어 먹었다. 그리고는 몽마르뜨 언덕에서 공연하고 싶어서 무턱대고 올라갔다. 사크쉐크로성당에 오르는데 어떤 흑인 무리가 나를 타겟으로 삼은 것처럼 보였다. 팔찌를 강제로 채우는 악덕 상인들이었다.

일부러 주머니에 손 넣고 가고 있어서 안 잡겠지 생각했는데 엄청 세게 손목을 잡았다. 나도 이에 질세라 헬스 좀 했던 실력으로 엄청 세게 뿌리쳤다. 실랑이가 좀 벌어지고 나한테 프랑스어로 놀리는 듯 보였으나 나도 질 수 없지! 갑자기 욱해서 한국 욕이 튀어나왔다. 마지막엔 그냥 웃는 얼굴로 "그렇게 살지 마라 삼시세끼야"라고 말해주고 떠났다. 그래도, 다행히 성당은 잘 봤다. 이곳은 Touristic 공간이어서 그런지 근처에 각종 호객행위와 불법 상인들이 너무 많았다. 다른 골목으로 향했으나, 이젠 여기는 더 이상 예술의 거리가 아니라는 생각이 들었다. 안타까웠지만 그래도 거리에 전시된 예술품들은 참 아름다웠다. 원래는 그런 문화가 우선이었을 텐데 관광지가 되어버리면서 변질된 것 같아 가슴이 먹먹했다.

골목을 지나다 한쪽에선 막 버스킹을 시작한 청년 무리가 있었다. Bruno Mars의 신나는 노래들을 불렀는데 보기 참 좋았다. 나도 목 좋은 곳을 찾고 한 상점 직원에게 여기서 해도 되겠냐고 했더니 경찰도 잘 안 오고 자기도 기타리스튼데 여기 진짜 좋다고 상관없다고 했다.

버스킹을 하고 있는 청년들

'이제 좀 본격적으로 놀아볼까?' 생각하며 한 10분 정도 노래를 불렀을까? 갑자기, 반대편 상점 아줌마가 볼륨 좀 줄이라고 했다. 그걸 봤던 걸까? 그에 질세라 아까 버스킹하던 청년들이 일찍 지나가면서 박수랑 환호를 보냈다. '뭐지, 왜 이리 버스킹을 일찍 끝내지?' 생각하자마자 자전거 탄 경찰이 오더니 끝내라는 신호를 줬다. 경찰이 제지하는 것은 불가항력이었다. 아마 그 버스커들도 경찰 때문에 빨리 끝낸 것 같았다. 30분이라도 하고 싶었는데 3곡이라니 너무 아쉬워서 주변을 돌다 보니 성당 쪽은 이미 포화 상태였다. 며칠 전에 갔었던 뮤지션 다리 St. Louis 다리가 생각나서 가봤더니 사람이 거의 없었다. 경찰이 오지 않을 만한 곳도 포화 상태였으므로, 그냥 다리에서 공연을 시작했다. 'All Of Me - John Legend' 노래로 시작을 했다. 어느새 이 노래는 나의 트레이드마크이자 가장 반응이 좋은 노래가 되었다. 30 cent[W500] 정도밖에 못 벌었지만 그래도 재밌었다. 근데 하다 보니 자전거 경찰이 또 왔다.

'어휴, 이 아저씨 지치질 않네…' 여기까지 좇아오다니, 체력이 어찌나 좋은지. 옛날 어릴 적에 하던 경찰 도둑 보드게임 같은 추격전을 하는 느낌이었다. 파리에서의 마지막 버스킹이라 아쉽지만 그렇게 마무리할 수밖에 없었다.

집으로 돌아와 새로운 도시인 루앙으로 떠날 준비를 마치고 Eric과 작별 인사를 나눴다. 카풀 사이트인 BlablaCar를 이용해서 집에 도착했다! 집 안에 들어서자 호스트인 Clio와 고양이 코시카가 나를 반겼다. 곧이어 남자친구인 Tomy도 등장했다. 파리의 Nicolas & Carla 커플에 이어 또 다른 러블리한 커플이었다. 이 커플은 사실 대학교 동아리 후배인 '한희'의 전 호스트였는데 카우치 서핑 웹사이트에는 호스트를 안 한다고 표시해 놓았지만, 지인 찬스를 통해 극적으로 며칠이라도 들를 수 있었다. 다시 한번 좋은 기회를 준 한희에게 감사의 인사를 전한다.

저녁 즈음에 도착해서 같이 애플파이와 치즈, 우유, 버터, 야채를 섞어 만든 요리를 만들어 먹었다. 매우 건강한 맛이어서 나한테는 안성맞춤이었다. 이제는 나도 현지인들처럼 맥주 마시고 밥을 먹는 것에 익숙해졌다. 같이 북한에 관한 얘기를 많이 했는데, 북한은 유럽 사람들이 한국인을 만났을 때 주로 꺼내는 이야깃거리였다. 심지어, Clio는 북한에 가본 적도 있는데 가짜 벽, 건물들, 로봇 같은 사람들을 보고 이상한 느낌을 많이 받았었다고 얘기했다. 어찌어찌 얘기하다 보니 구글 지도로 북한을 찾아보기까지 했다. 하하하. 그러고 나서는 고양이와 놀아주면서 이전 Couchsuffer였던 한희 얘기도 하고 좋았다. 다음 날은 구경도 시켜준다니 마다할 리가 있나!

여행 중 가장 따뜻하게 잘 자고 일어난 날이었다. 굉장히 좋은 침대에 좋은 이불에 은은한 히터까지! 최고였다. 한희 덕분에 알게 됐지만 정말 좋은 도시이고 사람 살기 좋은 동네라는 느낌을 받았다. 원래 여기가 되게 비싼 곳이란다. 이곳은 부자들이 사는 동네여서 물건값이 좀 비싸다고 했다. 이날은 Clio가 일을 쉬는 날이어서 같이 밖을 걸으며 구경을 하기로 했다.

X, II 모양으로 된 벽돌집 & 너무 맛있어서 또 생각나는 달달함 『슈켓』

밖에서 걷다 보니, 집에 X, II 모양으로 된 벽돌이 많이 보였는데 프랑스 전통 집을 의미한다고 한다. 뭐 지은 지는 좀 됐었지만…. 그리고, 빵집에서 슈켓이라는 빵을 사 먹었는데 정말 맛있었다. 슈켓은 계란·버터·우유를 베이스로 하는 음식이었는데 한 봉지에 12개가 들어 있었다. 안은 비었고 밖에는 설탕이 발려 있었다. 아주 환상적인 맛이었다! 식탐이 별로 없는 내가 나눠 먹을까 하다가 너무 맛있어서 혼자 다 먹을 정도였다.

그리고 한식을 준비하기 위해 Asia 마켓에 갔는데 한국 식자재가 매우 다양했다. 오히려 파리에서보다 훨씬 더 많은 듯했다. 마켓에서 볶음밥 재료와 베지테리언용 베이컨도 사고 집으로 돌아왔다. 카우치 서핑

Request를 좀 보내기도 하고, Tomy가 같이 운동하자고 해서 조깅, 턱걸이도 하며 운동에 관해서도 이야기를 많이 나눴다. 참 편안하고 여유롭게 하루를 보내는 것 같아 좋았다. 운동 후에는 한식을 대접하기 위한 식사를 준비했다. 이제 익숙해져서 척척 재료 손질을 해나갔다. Clio가 도와줬지만, 워낙 늦게 준비를 시작해서 8시가 다 돼서야 저녁 식사를 했다. 그래도 음식을 차렸을 때 너무나도 맛있게 먹어줘서 정말 고마웠다.

기타를 쳐주는 Tomy

같이 파티를 하다 보니 기타가 생각나서 가지고 내려와 팝송, 한국 노래를 불러줬다. Tomy도 기타맨이어서 자기 기타도 가져와서 반주를 쳐주고 같이 음악을 즐기며 놀았다. 참 즐거운 날이었다. 그런데, 마지막이라고 느껴져서 그런지 Clio가 너무 아쉬워하고 울먹거리기도 했다. 원래 눈물이 많다고 했다. 한희 이후에 나를 만나면서 한국에 대해 더 많이 알게 되었고 다음에 꼭 한국에 놀러 갈 때 연락을 준다고 약속을 하며 하루를 마무리했다.

한국에서 보는 날을 기약하며 Good bye Rouen!

루앙에서 벨기에 브뤼셀로 가기 위해선 파리를 다시 거쳐야 했다. 그래서 전날에 Nicolas와 Carla 커플에게 연락을 하니 당연히 쉬었다 가도 된다며 반겨주었다. 카풀을 이용해 다시 파리에 도착해 또 한 번 반가운 인사를 나눴다. 마침 점심시간이어서 같이 바나나 케이크, 단호박 리조또도 만들어서 점심을 먹었다. '와, 역시! 이태리 손맛은 달라! 내가 이렇게 대접받아도 되나?'하는 생각에 너무나도 고마웠다. 이런 현지 음식을 함께 할 수 있다는 것만으로도 행복이었다. 이 커플은 나를 마치 친한 누나 형처럼 대해줘서 너무 고마웠다. 한국 꼭 오고, 올 때 연락하라고 다시 한번 신신당부했다.

그리고 Carla와 함께 집을 나섰다. Carla는 일을 하러 가고 나는 벨기에 브뤼셀로 향했다. 역시 저렴한 브랜드여서 그런지 메가버스는 타는 곳 찾기도 어렵고, 탑승감도 너무 안 좋았다. 그래도 어찌하겠나 처음부터 엄청 소자본으로 여행하기로 컨셉을 잡았으니 끝까지 가야지!

도착 시간이 너무 늦어서 어쩔 수 없이 호스텔에서 묵기로 했다. 제일 싼 도미토리로 호스텔에 갔는데도 입구에 들어가니 꽤 괜찮았다. 역시 돈이 좋긴 하다. 오랜만의 호스텔 숙박이어서 '내일 뽕 뽑게 조식 엄청 많이 먹어야지' 생각하고 있는 찰나에 한국인을 두 분이나 만나 뵙게 되었다. 그중 한 분은 나와 동갑이었고, 이름은 '하람'이었다. 같이 맥주도 먹고 음식 만드는 법도 이야기하고 이것저것 공유도 했다. 세상은 넓지만 정말 좋은 사람들도 많다고 느꼈다. 이렇게 열린 마음으로 나를 맞아주고 단숨에 친해질 수도 있으니 말이다. 또 이렇게 하루가 감사함으로 지나갔다.

　　다음날 우리는 가벼운 발걸음으로 센트럴역을 향해 나섰다. 그러나, 표를 확인하고 나오니 부슬부슬 쏟아지는 방울방울들… 부슬부슬 내리는 건지? 그래도 긍정적으로 생각하기로 했다. 센트럴역 앞에는 쇠판에 줄을 엮어놓고 곰방대 같은 도구로 퍼커션을 하는 버스커도 볼 수 있었다. 보아하니 역시나 벨기에도 라이선스가 있어야 큰 곳에서 공연을 할 수 있는 것 같았다. 나는 경찰들 눈을 피해서라도 어떻게든 하고 싶었지만 비가 와서 포기하고 그냥 Dendermonde시^{목적지}로 가야겠다고 생각했다.

비가 오지만 그래도 나왔으니 그랑 폴라스랑 오줌싸개 소년 동상을 보고 가기로 했다. 근데 웃겼던 건 돌아다니는 내내 하람이가 깔깔이^{군대에서 입는 방한복}를 입고 구경을 다녔던 거다. 거참 대단한 친구다. 어떻게 저렇게 당당할 수 있을까? 이런 포부는 배워야 한다. 그래서 깔깔이를 당당히 입고 같이 오줌싸개 소년처럼 사진도 찍었다. 당시엔 좀 머쓱했지만 지금 보면 컨셉을 잘 잡았던 것 같아서 뿌듯하다. 심지어, 하람이는 스위스에 가서는 산에서 반팔 반바지 슬리퍼 신고 패러글라이딩 하고 싶단다. 나도 만만치 않지만, 정말 대단한 돌아이를 만났다고 생각했다. 왠지 모를 동질감이 생겼다. 그래서인지 같이 구경하는 내내 깔깔거리면서 즐겁게 여행을 할 수 있었다.

　　그렇게 한바탕 웃으면서 여행한 뒤, 다음 카우치 서핑 목적지인

Dendermonde로 출발했다.

Name: Lieke, Peter, and kids
Dendermonde, Belgium
Hosted 999 surfers

Words of Inspiration: "We think it is important not to teach our children about hospitality, but to show them. We want them to know that all people are equal, no matter what skin color, religion, ethnicity, culture or language they speak."

슈퍼호스트 Lieke 가족의 인터뷰 기사 클립 『2016년 999번의 호스팅을 넘겼다』*

나의 다음번 카우치서핑 호스트인 Lieke의 집은 상상 이상이었다. 일단 2층으로 되어 있는 개인주택이어서 엄청 크고 서퍼들에게 개인 방도 주셨다. 완전 슈퍼 호스트셔서 카우치서퍼들을 대하는 프로페셔널한 모습이 인상적이었다. 선생님이자 엄마인 Lieke는 아이들 교육뿐만 아니라 사람들을 만나면서 여행을 하는 기분이고, 다양한 문화를 접할 수 있어서 너무 도움이 많이 된다고 말해줬다. 와우! 역시 엄청난 사람들을 호스팅해온 경험들이 고스란히 녹아 있는 모습이었다. 주섬주섬 짐을 풀은 지 얼마 안 되어서 어른들은 볼일을 보러 가고, 나는 아이들과 셋만 남아 같이 밥을 먹었다. '뭐지? 내가 애들을 돌봐줘야 하는 건가? 나는 애를 키워본 적도 없는데?' 조금 긴장도 됐지만 아이들이 너무 활발해서 그런 마음은 금방 사라졌다. 밥을 먹으면서도 아이들이 참새처럼 지저귀는 것 같아 너무 귀여워서 이야기를 들어주기만 했는데도 시간이 금방 지나갔다.

그 후엔 아이들 삼촌께서 아이들을 돌보러 오셨다. 이왕 놀기 시작했으니 같이 더 놀았다. 아이들과 노는 게 재밌다는 사실을 그때 깨달았다. 그냥 나도 사회의 다른 가면을 쓰지 않고 순수한 마음으로 내키는

* 출처 : 카우치 서핑 블로그

Track #6 : 뻘기에

대로 같이 놀고 장난치고, 욕심도 내보고 말이다. 그리고 Bavo(아이 이름임, 바보 아님! 똑똑함)는 마술과 운동을 좋아하는데 나한테 마술도 몇 개 알려줬다. 엄청 귀엽고 재밌고 신기하기도 하고, 여러모로 따뜻하고 포근한 구름 같은 느낌의 기분 좋은 시간이었다. 힐링하는 느낌! 그 기분이 너무 좋았다.

이 집엔 고양이가 있는데 참 귀여웠다. 두 마리나 있었는데, 그중 간달프라는 고양이가 진짜 간달프처럼 생겨서 기억이 많이 남았다. 강아지처럼 친근하고 내 먹을거리를 엄청 탐냈다. 귀여워! 지구 뿌셔!

Bavo와 고양이 『에볼라 바이러스 광고, 지금의 코로나와 평행이론인가』

Lieke의 집에는 본인들의 노하우가 담긴 카우치 서핑 Suffer 십계명이 쓰여 있었다. 그중에서 1번, '일단 밖으로 경험하러 나가라!'라는 구절이 가장 인상적이었다. 그 문장을 읽자마자 그냥 쉬기만 할 것이 아니라 뭐라도 해야겠다는 생각이 들었다. 그리고 마침 Lieke 아주머니가 여기서 30분이면 유명한 관광지인 Gent, Brugge도 갈 수 있다고 말해줬다. 브뤼헤^{Brugge}는 들어본 적이 있던 터라 가면 좋겠다고 생각했다. 11:30분 기차를 타고 Gent Saint-Pieters역에 도착하고, 30~40분을 걸어서 가장 오래됐다는 성^{Gravensteen}에 도착했다. 사전 조사도 없이 온 것이어서 입장료가 있는지도 몰랐다. Free가 아니길래 아주 아름다운 성임에도 불구하고 내 컨셉과는 안 맞는다고 생각해서 깔끔하게 포기했다. 추천받은 성당^{St. Bavo's Chatedral}을 들어가 보니 역시 성당이구나 하고 가족의 평안과 건강을 기도했다. 그렇다. Bavo의 이름은 겐트 지역의 유명한 성인의 이름에서 따온 것이었다. 신기하게 생각하며 근처 길거리 구경을 했다. 사실 강변에 더 빨리 가보고 싶었다. 그쪽이 버스킹을 하기에 제격일 것이라는 언질을 받았기 때문이었다. 이미 식당 앞에서 버스킹하는 아저씨도 있었다. '나도 할까?' 고민하다가 브뤼헤에서의 공연을 위해 아꼈다.

값싼 케밥으로 간단히 끼니를 때운 뒤, 걷다 보니 플리마켓을 발견했다. '여기다 여기야!' 하는 생각에 주변을 한 번 둘러보고 주위 상인들께 여쭤봤다.

"여기서 공연해도 괜찮을까요? 여기 라이선스 같은 거 필요한가요?"

"응, 원래는 여기 브뤼헤는 라이선스 있어야 되는데, 1시간 정도는 그냥 해도 상관없을 거야!"

"오, 진짜요? 감사합니다. 저 앰프 소리도 그렇게 안 커서 방해도 안 될 거예요! 오히려 좋을걸요?"

"어, 나야 좋지! 나도 음악 듣는 거 좋아해~ Go for it!"

그래서 바로 기분 좋게 목 좋은 곳에서 기타 가방을 펼친 후 공연을 시작했다. 역시 주말이고 분위기도 좋아서 그런지 반응들이 너무 좋았다! 지나가던 사람들도 관심을 갖고 보고 웃어주는 사람도 많고 팁을 주는 분들도 많고 행복했다.

브뤼헤에서 『다른 사람한테 공연하는 모습 사진 부탁하기 고수』

기억에 남는 장면들이 있는데 'I'm Yours - James Mraz'를 부를 때 어떤 아이가 내 노래에 맞춰 춤추고 좋아해줬다. 천사가 나한테 와서 춤을 춰주는 기분이었다. 심지어 강아지도 날 보고 신기하게 쳐다보기도 했다. 고개를 갸우뚱하면서 '뭐지?' 하는 모습이었다. 그러더니 곡이 끝났을 때 와서 내 냄새를 맡아보곤 유유히 떠나기도 했다. 그리고 한국인들이 와서 "와, 한국 사람 대박!" 놀라면서 이야기도 하고, 사진도 찍고 팁도 주고 갔다. 공연 후에 알아차렸는데 내가 공연했던 자리가 경찰서 앞이기도 했다. 이젠 경찰서 앞에서도 공연하는 당당함! 하하하! 며칠 공연을 더 할 거면 라이센스도 받는 게 좋다던데 난 이제 여기 올 일이 없으니 이 정도면 아주 만족스러웠다.

집에 돌아오니 아이들^{Bavo&Enea}이 날 반겨줬다. 집으로 초대한 다른 가족들이 있었는데, 내 여행 이야기를 들려드리니 노래 Request가 들어와서 Bruno Mars의 Just The Way You Are, Richard Marx의 Now And Forever를 불러드렸다. 애들이 더 신났었다. 너무 귀여워! 그사이 배가 고플지 어떻게 아신 Lieke님이 양송이 리조또를 만들어주셨다. 그리고 엄청 스페셜한 맥주도 주셨다^{World War I 기념주}. 식사를 마치고, 아이들이 기타에 엄청난 관심을 가졌다. Bavo는 특히 내가 오고 난 후에 기타를 치고 노래를 부르는 게 취미가 되었다고 Lieke가 후기를 남겨주기도 할 정도로 관심을 많이 보였다. 그리고, Enea는 나한테 피아노 치는 것을 보여주고 싶다고 고사리손으로 계속 뚱땅거리는데 너무 귀여웠다. 아이들과 있으면 나도 모르게 나도 아이의 마음이 되는 것 같아 저절로 힐링이 되는 것 같았다. 너무 즐거웠다.

기타를 치는 Bavo, 흐뭇하게 보는 Lieke

이렇게 시간을 보내면서 Lieke는 진짜 참된 엄마라는 생각이 들었다. 아이들의 교육을 위해서 카우치 서핑도 시작하고, 무엇보다 그것을 꾸준히 계속한다는 것이 너무나도 존경스러웠다. 나도 나중에 아이들을 기르게 된다면 이렇게 자유롭게 기르고 싶다는 생각이 들었다. 사람들이 자유롭게 왕래하면서 다양한 문화도 접하고 아이가 좋아하는 것도 많이 알게 해주고 정말 최고의 교육이 아닐까 싶다. 코로나로 인해서 앞으로의 삶이 어떻게 바뀔지 모르겠지만 조심스레 그런 꿈을 꿔본다.

03. Hallelujah

사실 그 전날 브뤼헤를 다녀왔기에 다른 여행지를 갈 생각이 안 들었다. Lieke가 몇 개 도시를 추천해줘서 가려고도 했지만 스스로 재정비를 해야겠다는 생각이 들어서 근처에 있는 공원에서 연습하고 싶었다. 그냥 생각 없이 걷다 보니 와! 여기다 싶은 공원을 발견했다. 거짓말 안 하고 한 3시간 넘게 연습한 것 같다. 나의 집중력에 놀랄 뿐이었다. 지나가며 나를 보고 웃어주는 행인들에게 감사했다. 그동안 가사를 완벽히 외우지 못했기에 이런 노력이 필요하다고 생각했다.

'Hallelujah - Jeff Buckley'를 마스터해야겠다는 생각이 들었다. 'Hallelujah'는 우리나라 노래로 치면 김범수의 '보고 싶다' 정도의 세계적인 명곡이었다. 처음에 여행 조언을 해준 진호 형의 추천곡이었다. 그동안 적어놓기만 했었는데 레퍼토리를 늘려야겠다는 생각에 이 곡도 연습을 했다. 좋아! 이런 여행이야! 점점 소화하는 곡이 많을수록, 창작에 관한 생각도 조금씩 떠오르고 있다. 좋아 좋아!

연습을 마치고 집에 도착하니, French 커플 카우치서퍼들이 도착했다. 인사를 하고 한식 대접을 위한 재료 손질을 시작했다. 와, 쉽지 않네! 8인분 정도를 혼자 준비해야 한다니…. 바로 후회하고 도와달라고 SOS를 보냈다. 그분의 여자친구분께서 도와줘서 조금은 수월하게 요리할 수 있었다. 이젠 거의 볶음밥 장인이 되었다. 찜닭과 참치마요밥도 연습을 해서 시도해야겠다는 생각이 들었다. 스스로도 볶음밥이 슬슬 지겨워지고 있었기 때문이다.

볶음밥 8인분 준비 중 『인덕션은 힘이 약하다』

French 남자분의 직업은 기타리스트이고 이름은 토마스였다. 근데 이 커플… 둘 다 노래도 잘하고 기타까지 잘 쳤다! 그리고 마침 한창 꽂혀 있던 Hallelujah를 불러달라고 요청했는데 진짜 대박이었다. 온몸에 소름이 돋았었다. 나도 Hallelujah를 좀 더 빨리 연습해야겠다는 생각이 들었다. 다른 노래들도 불러줬는데 진짜 감동 그 자체였다. 요리하는 내내 즐거웠다.

식사가 시작되고 애들 빼고 모두 맛나게 먹어줘서 기분 좋았다. 애들은 입맛에 안 맞았던 것 같다. ㅜㅜ Lieke가 아이들이 게임하는 것에 정신이 팔려 있어서 그런 것 같다고 나를 위로해 줬다. 기타리스트 형님이 특히 맛있게 먹어줘서 기분 좋았다. 다 먹고 Peter^{아빠}의 벨기에 맥주와인 이야기에 시간 가는 줄을 몰랐다. 벨기에서 특별기념 맥주는 차 종류, 번호, 시간까지 정해서 판매를 한다고도 알려주셨다. 그렇게 시간을 보내고 나니, 나도 모르게 벨기에 맥주 전문가가 된 기분이었다.

Lieke 가족과 함께

Lieke와 벨기에에 관한 이야기를 많이 나눴다. 그중에 이 가족은

56%의 세금을 내는데 21%는 또 전화, 전기, 물, 인터넷 등등 기본 비용으로 나간다고 했다. 상상이 안 갔다. 우리나라는 10%만 떼도 버럭버럭하는데 어떻게 사는 걸까? 신기했다. 그래도 교육비가 어느 정도 무료이고 여러 혜택이 있긴 하지만 비싼 세율인 것은 확실했다. 그 나라에 대해 잘 알려면 그 나라의 현지인 집에서 머물러야 세세하게 알 수 있다는 점을 깨달았다.

04. 덴더몬드에 대해 알아보자!

하루는 간달프^{고양이}가 내 방에 찾아와서 같이 자게 됐다. 반려동물과 자는 것은 처음이어서 되게 신경이 많이 쓰였다. 그래도 지금 아니면 언제 고양이와 같이 자보겠냐는 생각에 '머무르게 해주자' 하고 자려고 했는데 막상 잠이 잘 안 왔다. 근데 간달프는 잘만 자는 것을 보고 약간 억울하기도 했다. 근데 내가 잠들고 나서는 전세가 역전됐다. 자다가 뒤척일 때마다 간달프도 계속 깼다. 막 내 다리 사이에서 잤다가 옆으로 가고 발로 차이기도 했던 것 같다. 그런데도 내 옆에서 계속 자는 모습을 보니 너무 귀여웠다. 그래서인지 아침 일찍 잠깐 깼을 때 잠시 내보내고 꿀잠을 잤다. 간달프에겐 미안하지만, 그때가 제일 잘 잔 것 같다.

간달프! 이젠 내 방을 나가줄래?

일어나서는 덴더몬드 중심부^{Centrum}로 온 가족이 함께 출발했다. Lieke가 덴더몬드의 역사 가이드를 해주기로 했기 때문이다. 먼저 지역 이름의 의미부터 들을 수 있었다. Dender가 강 이름이고 monde가 만나는 지점의 의미였다. 전날 내가 갔던 공원부터 시작해서 1차 세계 대전 당시 벨기에에 침략한 나치를 저지하기 위해 군인들이 어떻게 싸웠는지를 알려줬다. 원래 1차 세계 대전 이전부터 여기는 성벽이 잘 지어진 곳이어서 중세 시대부터 튼튼했다고 한다. 그리고, 덴더몬드 시의 군 전략적 보호를 위해 강의 한 줄기는 시멘트와 흙으로 덮이기도 했다. 이곳엔 강이 두 줄기로 갈라지고 중간에 섬같이 만들어진 지점이 있는데 그곳이 나치군들을 가두기도 했었다고 한다. 복수심에서일까? 전략적 요충지인 덴더몬드는 1차 세계대전 당시 나치군들에 의해 95%가 불에 탔었다고 한다. 나치군들은 진짜 자비란 없었던 것 같다. 완벽한 가이드 후, 집에 돌아와서 따뜻한 차 한잔! 초코치노를 같이 마시면서 여정을 녹였다.

덴더몬드에는 물줄기를 쉽게 만날 수 있다

'내가 혼자 여행을 왔다면 이런 설명을 들을 수 있었을까?' 그 도시의 역사와 문화까지 배울 수 있는 시간이 너무 감사했다. 무엇보다 모든 카우치 서퍼들에게 이렇게 본인의 도시를 소개하고 같이 여행하는 모습을 가족들과 나눌 수 있다는 것이 너무 멋져 보였다. 내가 다녀간 이후로도 다른 카우치 서퍼들에게도 자녀들이 이런 소개를 계속해 나가는 모습들을 다른 여행 블로그를 통해 접한 적이 있는데 마음이 참 따뜻해졌다. 나에게 남겨줬던 레퍼런스 또한 너무나도 따뜻한 마음씨가 느껴져서 아직도 종종 생각이 나곤 한다.

 liekeandkids ✔ — Nov 2014

Buggenhout, Vlaanderen, Belgium
545 references • Member since 2007

★ Positive

Thanks to Gibeom our son has a new hobby: learning to play the guitar :-)
We had a nice evening singing songs and listening to his playing. Glad he could even make some money in town by playing and singing.
We had a great time in Dendermonde, when showing him the town. Hope you enjoyed it as much as we did.
It was nice to find a common thing (music), since this takes away all language barriers.
Have a great trip!

기범(개명 전 이름)에게, 고마워! 내 아들이 새 취미가 생겼어 : 기타 배우는 것! 우리는 노래 부르고 듣기도 하는, 진짜 재밌는 저녁 시간을 가졌어요. 또, 그가 도시에서 공연해서 돈을 벌어온 것도 너무 기뻤고요. 그리고, 덴더몬드도 소개해주는 시간을 가져서 너무 좋았어요. 음악이라는 공통점이 있어서인지 언어라는 장벽도 전혀 없었고 너무 좋았어요.

즐거운 여행 돼 기범!

Lieke의 나에 대한 Reference

BOARDINGPASS

~~~~~~~~~~~~~~~~~~~~~~~~~~~~~~~~

FROM **BELGIUM**

TO **NETHERLANDS**

FLIGHT **SUNBEEBOOKS**
OPTION **SONGINEER CLASS**
NAME **GENIUS**

NO.05

네덜란드

네덜란드 암스테르담으로 이동하기 위해 Lieke 가족과 마지막 인사를 나눴다. 가성비 있는 이동을 위해서 역시나 가장 값싼 메가버스를 이용해야 했다. 이젠 불편함도 즐거움으로 바뀌고 있었다. 버스를 기다리며 여러 사람에게 말도 걸고 북한, 정치 얘기도 자연스레 하게 되는 나의 모습을 보고 스스로 깜짝 놀라기도 했다. 말도 안 돼! 불과 몇 달 전까지만 해도 전화영어도 틀릴까 봐 전전긍긍하며 했었는데 '역시 부딪혀야 간절해지는구나' 하는 생각이 들었다.

암스테르담에 도착해서는 유럽 여행하기 전에 한국에서 카우치 서핑 미팅으로 만난 적이 있던 마티나 집에서 머물렀다. 마티나는 한국에서 유럽 가는 비행기표를 구하기 위해 아르바이트하고 있을 때 연락이 닿았는데, 예능 <런닝맨>을 좋아하고 한국 음식도 정말 사랑하는 소녀였다. 비록 우리 집에서 재워주진 못했지만 아는 누나 집으로 추천을 해줘서 대전에서 내가 버스킹할 때 같이 구경도 하고, 여행도 다녔었다. 그때 네덜란드에 오면 꼭 연락하라고 했던 친구였다. 그런 친구를 실제로 만나러 가는 이 상황이 참 신기했다. 마티나와 마티나의 아버님인 얍이 함께 마중을 나와줬다. 아버님께서 차를 태워 주셔서 돈을 들이지 않고 아주 편안하게 집까지 갈 수 있었다. 집에 와서 마티나의 어머님이 해 놓으신 라자냐를 먹고 아버님의 여행지, 공연할 만한 장소들 추천도 들을 수 있었다.

다음날, 함께 관광 가이드를 해준다고 해서 시내에 있는 Water 100plein에서 Martina를 만났다. Martina의 친구도 Kimberly도 함께 했다. 암스테르담에서 유명한 꽃 시장 근처를 구경하기로 했다. 기념하기 위해서 씨앗도 사고, 걸어 다니면서 사진도 찍고 즐거운 시간을 보냈다. 네덜란드는 꽃을 생산하는 국가로도 굉장히 유명한 국가답게 꽃 시장도 엄청 컸다. 꽃 내음들이 펼쳐지고 내가 네덜란드에 와 있다는 것을 느낄 수 있는 순간이었다.

Kimberly, Martina와 함께

근처에 있는 뮤지엄도 들리고, 스낵바도 가며 여유롭게 여행했다. 마티나가 이제 막 21살이 된 대학생이어서 그런지 흔히 볼 수 있는 여대생들의 여행 코스였다. Dam Square는 역시 유명한 관광지답게 사람들로 가득했다. 지나가다 우연히 보인 신발 모양 모형을 보고 마티나는

나에게 사진을 안 찍냐고 물어봤다. 사실 큰 생각은 없었지만, 나는 평범한 사진보다 독특한 사진을 찍고 싶었었는데 마침 좋은 제안 같아서 못 이기는 척 찍었다. 근데 사진에 보면 엄청 신나 있어서 같이 사진을 보면서 한참을 웃었다.

집으로 돌아온 뒤, 저녁은 한식을 대접하는 시간이었다. 역시나 나의 메인 요리! 볶음밥이었다. 이젠 거의 마스터했다. 역시나 성공! 저녁 내

내 얍^{아버님}과 여행, 북한과의 관계에 관해 이야기했다. Martina 어머니에게서는 북한에 가셨던 얘기를 들었는데 진짜 신기했다. 한국인은 한국인이라는 이유로 북한에 못 들어가는 것을 잘 이해하지 못했다. 생각해보니 나도 잘 이해가 안 간다. '왜 한국인이라고 북한에 못 들어갈까?' 나는 단순히 "우리는 법이 그래!"라고 했지만 그 법을 이해 못 하는 일반적인 사람들의 생각을 듣고는 머리가 띵해졌었다. 생각의 흐름을 한번 바꿔보는 대화의 장이었다. 여행은 언제나 새로운 관점으로 내 생각, 고정관념들을 달리 바라볼 수 있는 아주 좋은 교육의 장 같다. 이런 경험을 할 수 있었다는 것에 진심으로 감사한다.

02. I am sterdam!

I am sterdam 랜드마크 in Museum Plein

버스킹을 하기 위해 따뜻하게 단단히 채비를 하고서 Museum Plein에 도착했다. 'I am sterdam'이라고 써져 있는 조형물이 나를 제일 먼저 반겨주었다. 역시 랜드마크여서 그런지 사람이 아주 많았다. 기념사진을 찍고 나서 아무리 생각해봐도 여기가 버스킹 명당 같아서 Museum shop에서 일하는 직원에게 물어봤다.

"여기서 공연해도 되는 거예요? 라이선스 같은 것은 필요 없나요?"

"음, 그냥 1시간 정도는 예의상 봐주는 것 같아요. 그리고 여기서 공연하는 것도 많이 봤는데 경찰은 본 적이 없었어요. 그냥 해도 될 것 같은데요?"

이 말에 용기를 얻고 바로 공연을 시작했다. 미국 성조기가 그려진 핫도그 푸드 트럭을 등지고 공연을 했는데 나중에 사진으로 보니 미국에서 공연한 것 같이 보였다. 좋아! 이런 이상한 느낌. 공연을 시작하기가 무섭게 지나가시던 노부부가 응원해주셨고 계속 팁도 주셨다. 이젠 그냥 즐겨야 사람들이 좋아한다는 사실을 체화했다. 저번에 연습해서인지 자신감도 더 높아졌다. 이젠 사람이 있으나 없으나 음악을 즐길 줄 알게 되었다. 신기하게도 그날은 특이한 사람들을 많이 만나고 얘기도 많이 나눴다. 일단 웃어주는 사람부터 최고라고 엄지를 들어주는 사람, 춤춰주는 꼬마 등등이 있었는데 가장 기억에 남는 사람은 Luka였다.

계속 내 옆에서 나를 지켜보다가 콜라를 사 와서 또 구경하러 왔다. 내 노래를 들어주는구나 싶어서 말을 걸었다. 그 꼬마의 이름은 Luka였다. 슬로베니아에 살고 있고, 가족여행 왔다가 부모님은 Museum에 들어가고 자기는 재미가 없어서 그냥 여기서 내 공연을 보고 있다고 했다. Luka는 기타를 8년이나 쳤다는데 역시 Guns&Roses의 노래를 칠 줄 알았다. '와, 신기해.' 8년이면 나보다 더 오래 친 건데 너무 멋있었다. 멋진 기타리스트가 되기를 응원해줬다.

내가 공연을 잠시 쉬는 동안에 Luka에게 기타를 치게 해줬는데 어떤 남자분이 팁을 던져줬다. 뭐지? 나는 "No, No"를 연신 외치며 지금은 그냥 Break Time이라고 하니 아까부터 계속 들었는데 너무 좋아서

놓고 가는 거라며 그냥 받아주길 바란다고 했다. 감사했다. Russia에
서 온 Ivan이라는 분인데 '두둑'이라는 관악기를 연구하는 분이라고 했
다. 지금은 그룹 여행 중인데 개인 시간이어서 구경하다가 나를 발견하
고 계속 여기 있었다고 했다. 나의 진심이 통한 것일까? 지나가던 사람
과 진심으로 소통하면서 그를 붙잡는 능력을 얻은 하루에 너무나도 감
사했다.

미래의 기타리스트 Luka와 두둑 관악기 연구자 Ivan 『뉴욕 아님』

나를 계속 구경하던 Luka 『공연 쉬는 시간에 기타를 치고 있다』

잠시 이야기를 나누고 다시 공연을 시작했다. 내가 공연할 때 Ivan 에게 사진을 찍어 줄 수 있냐고 요청하기도 했다. 그랬더니 정말, 혼신의 힘을 다해서 찍어주셨다. 무언가 뮤지션들끼리 알 수 없는 마음속의 울림이 있는 시간이었다. 서로의 음악을 교류하고 또 내 여행과 음악을 지지해주는 모습이 참 아름다웠다.

Ivan이 열정적으로 찍어준 버스킹 사진

생각해보니 공연할 때 경찰들이 나를 보고도 아무 제지도 안 했다. 노래하면서 아무렇지 않은 척했지만, 내심 긴장했었는데 아무 말도 안 건넨 것에 너무 감사(?)했다. 경찰들이 많이 지나다니지도 않았지만, 자전거를 탄 경찰들, 경찰차 탄 경찰들 모두 자기 갈 길만 갈 뿐이었다. 덕분에 마음 편하게 공연할 수 있었다. 그것참 신기한 일이다. 네덜란드는 상관없나 보다!

'아싸! 이제 계속 랜드마크 광장에서 해도 되는 거잖아?'라는 생각도 들었다. 그냥 쫄지 말고 계속해보자! 뭐 붙잡히면 미안하다고 하면

훈방해 줄 테니까! 법적으로 잘못된 일을 하는 것도 아니고!

　나는 Martina 가족들과 시간을 갖기 위해 아쉽지만 몇 곡을 더 부르고 공연을 마무리했다. 그렇게 기분 좋은 공연을 마치고 집에 돌아오니 아주 맛나는 저녁이 준비되고 있었다. Dutch soup와 빵에 고기가 들어있는 팔라펠같이 생긴 것이었다. 정말 고칼로리 음식들로 준비해주셨다. 너무 감사했다. 밥을 맛나게 먹고 오랜만에 편안하게 휴식했다. 밥을 먹고 나서 유럽 가정의 편안한 저녁을 즐겼는데, 평소에 부르던 'All of me', 'Sunday Morning'을 들려 드리기도 했다. 노래하는 모습이 너무 즐거워 보여 보기 좋다는 칭찬을 입이 닳도록 해주셨다. 너무 감사했다. 마티나 가족들과 같이 영화도 보면서 따뜻한 네덜란드의 마지막 날을 마무리했다.

01. Hambrug에서 다시 피어난 엔지니어의 꿈

Marita 가족에게 한국에서 가져온 전통 책갈피 선물을 주고, 마지막 인사를 나눴다. 모든 호스트들에게 선물을 주고 있지만 한국을 많이 경험했던 Martina에게 주는 선물은 좀 느낌이 남달랐다. 무언가 좀 더 특별한 것을 주어야 할 것 같은데 그러지 못해 아쉬운 느낌도 들었다. 다음에 한국 오면 특별 선물 해줄게!

다음 목적지인 함부르크에 도착해서 나의 카우치 서핑 호스트 Stephan 집에 무사히 도착했다. Stephan은 독일에서 근무하는 필리핀계 엔지니어고, 유명 정유회사에서 일을 하고 있었다. 내 전공도 기계 공학과라고 하니 되게 반가워했다. 마침 저녁 시간이어서 한국의 새우 볶음밥을 만들어줬다. 굉장히 좋아해 줘서 너무나 뿌듯했다. Stephan

Stephan에게 차려준 볶음밥, 소시지

도 본인만의 스페셜한 음식을 차려줘서 진짜 고마웠다. 밥을 먹으며 이야기를 나눴는데, 독일이 엔지니어로 성공한 국가이고 나치나 2차 세계대전 얘기를 싫어한다는 내용도 알게 됐다. 무언가 그 나라의 은밀한 비밀을 알아가는 것 같아서 굉장히 흥미로웠다. Airbus 비행기가 독일에서 생산될 정도로 함부르크가 항공 기술로 유명한 도시였다. 나도 기계 공학과이다 보니 저절로 흥미가 생길 수밖에 없었다. 뮤지션이 되고 싶다는 마음을 가지고 왔는데 의외로 나는 노래보다 엔지니어링을 더 좋아하는 것 같다는 생각이 들기도 했다. 음악만 고집하던 내가 여행을 통해 조금씩 생각을 다르게 하게 되는 것이 정말 신기했다. 한편으로는 두렵기도 했지만 여행을 통해 내 생각의 흐름을 정리해보기로 결심했다.

그다음 날에는 기계를 좋아하는 사람이라면 누구나 가고 싶어 하는 미니어처 원더월드를 가보았다. 설령 기계를 좋아하지 않더라도, 작은 기계장치들이 실제처럼 요리조리 움직이는 모습을 보면 너무 신기해서 눈을 뗄 수가 없을 것이다. 점심을 든든히 먹고 미니어처 원더월드로 향했다. 아마 지금 시간^{오후 2시 30분}이면 초딩들이 난리를 칠 거라는 생각에 약간 겁도 났다. 하지만 개의치 않지! '내가 더 초딩처럼 사진 찍을 거야!'라고 생각하며 입장했다.

와, 내 예상보다 사람이 너무 많았다. 특히 애들! 이 친구들과 싸우느라 정신없었다. 마치 사진 찍기 경쟁을 하듯이 관람했다. 어릴 때부터 움직이는 거라면 다 좋아했는데 여기선 내가 초등학생들보다 더 신나서 사진을 찍고, 넋 놓고 구경하기도 했다. 그곳엔 스위스, 오스트리아, 함부르크 공항, 독일, 스칸디나비아반도, 아메리카 이렇게 순서대로 전

시되어있는데 공항이 가장 기억에 남았다. 비행기의 출항부터 이륙까지 섬세하게 묘사해놨다. 참 머리가 좋은 것 같다. 차들도 마그네틱 선에 따라 교통법규까지 지키면서 움직였다. 기차며 뭐며 너나 할 것 없이 굉장했다. 또다시 내 엔지니어로서의 가슴이 뛰었다. 참 독일 사람들 대단하다는 생각이 들었다.

나중에 안 사실이지만 매일매일 조금씩 업데이트를 하고 있다고 해서 그 디테일에 놀랐다. 예를 들면 내가 가기 전날이 할로윈이었는데 할로윈 기차가 다녔었고, 만약 실제로 기차역에서 기차를 수리하면 미니어처도 수리를 한다고 했다. 정말 디테일이 끝내준다! 여기 엔지니어들은 일할 때 재밌을 것 같았다. 중앙 관제실도 따로 있고 멋지고 아무튼 최고다.

엔지니어로서의 두근거리는 감성을 뒤로한 새, 공연하러 메인 스트릿인 Monckebergstraβe 거리로 갔다. 한참을 구경했다. 역시 수많은 버스커와 예술가들이 있었다. 여긴 거리 공연이 불법이 아니어서 앰프 들고 다들 한 목소리 하는 것 같았다. 아 좋다 함부르크! 자유를 맛본 기분이었다. 나도 버스킹을 시작하자마자 관심을 받았다. 벨기에 브뤼헤보다는 덜했지만 꽤 재밌었다! 5시가 되니 어두워져서 다른 버스커들도 다 집에 갔다. 여긴 밤엔 별론가 보다. 주요 관광지는 낮이 성수기군! 이제 장소 물색에는 도가 튼 것 같다. €12^{W16,000}나 벌었다! 즐거운 버스킹 여행을 할 수 있어서 참 감사했다!

Monckebergstraβe 거리에서 버스킹하는 뮤지션 『장비 풀세트 부럽다』

01. 베를린, 그 이름을 위하여!

나를 위해 아침밥을 해주는 Stephan

Stephan이 아침부터 부지런히 일어나서 아침 식사를 준비할 동안 짐 정리를 마쳤다. 아침은 오스트리아식 고기를 곁들인 빵, 에그롤이었다. 진짜 음식 왜 이렇게 잘하지 이 형? 물어보니 어릴 때부터 엄마가 요리하시는 걸 도와드리다 보니 실력이 좋아졌다고 한다. 감동···. 또 나와서 객지에서 살다 보니 혼자 요리하는 것이 당연하다고 했다. 맞는 말이었다. 그리고 식사하면서 카우치 서핑을 하는 이유를 물어봤는데, 본인이 여행했을 때 도움을 너무 많이 받아서 조금이나마 되갚는 마음으로 하고 있다고 했다. 참 멋있고 존경스러웠다. 나도 나중에 꼭 카우치 서핑으로 이렇게 멋지게 대접해 줘야겠다고 생각했다.

함부르크에서 베를린으로 이동하기 위해 ADAC PostBus라는 버스

회사를 이용했다. 그런데 좀 문제가 있었다. 체크인할 때 사무실 가서 티켓 확인을 하려 했는데, 기타가 있으면 추가로 수화물 비 €2^{W2,700}를 추가로 내야하고 좌석에는 가지고 못 탄다고 통보했다. 기타는 짐칸에 넣으면 잘못하면 파손이 될 우려가 있었기 때문에 나는 이건 상식적으로 이해가 안 된다며 반문했다. 다른 버스 회사들을 이용할 때는 아무 문제가 없었기 때문이다.

"아니, 이 작은 기타가 왜 좌석에 안 들어간다는 거죠? 그냥 제가 안고 갈게요."

"말도 안 되는 소리 하지 마십쇼. 기타 같은 물건은 무조건 짐칸에 실어야 합니다. 그렇지 않으면 못 타는 걸로 아세요."

"?"

그렇게 실랑이하다가 결국 타기 전에, 버스 기사님께서 짐 확인할 때는 그냥 갖고 타도 된다고 했다.

하하하하! 괜한 감정 소모만 했다. 그래서 그냥 긍정적으로 생각하기로 했다. '€2 주고 좌석에 가지고 탔으니 다행이지!'라며 스스로 정신 승리를 했다.

우여곡절 끝에 베를린에 도착했지만 역시나 방향이 헷갈렸다. 돈 아낀다고 그 흔한 유심칩 하나 끼지 않았으니 길 찾기가 쉽지 않았다. 간신히 카우치 서핑 호스트 집 앞에 도착해서 낯선 사람의 폰을 빌려서 전화를 해서 만날 수 있었다. 호스트의 이름은 마하린! 다행이다! 인사를 나누고 밖으로 놀러 나가기로 했다. 맥주를 사서 Tleumarket라는 인싸들이 노는 곳으로 향했다. 그곳엔 어둠이 자욱했지만 음악들의 천국이었다. 여기저기 들리는 DJ 소리, 곳곳에서 터져 나오는 환호 소리, 자유분방하게 춤추는 모습들까지, 누가 강요하지 않아도 저절로 어깨가 들썩이는 곳이었다. 아 너무 좋다! 이게 유럽의 자유분방함인가? 지금은 공원이지만 과거엔 베를린 장벽이 있던 곳이라는 말을 듣고 굉장히 신기했다. 내가 봤던 베를린 장벽은 엄청 거대해서 우리나라 38선처럼 국가 간의 거리가 멀었을 줄 알았는데, 말 그대로 벽 하나로 서로 등지고 있었던 것이었다. 그리고, 통일된 지금은 베를린 장벽이 몇몇 문화재로 보존되어만 있을 뿐 큰 의미가 없이 우두커니 서 있는 모습에서 세월의 흐름을 가늠할 수 있었다.

　가는 길에 마하린의 Flatmate, Eva, Emma도 만났다. 다 여자였다. 좋았다. 같이 구경하고 Fallafel도 먹었다. 겨우 €3$^{₩4,000}$! 베를린 물가 대박! Paris에 비하면 여긴 천국이다. 그리고 같이 얘기하다 보니 Eva도 Songwriter라는 것도 알 수 있었다. 와 너무 반가웠다. 같이 연습해서 공연하자고도 했다. 신난다! 무엇보다 뮤지션을 만나서 너무 반가웠다. 그리고 무슨 Party가 엄청 많던데, 흥미로운 베를린의 하루하루가 될 것 같아 무척이나 기대됐다.

Wow! Fantastic! Eva와 여행. Sweden의 복지, 독일의 복지를 같이 이야기했다. 이젠 영어로도 이 정도는 어느 정도 편하게 말할 수 있었다. 복지 이야기하다가 가장 충격적이었던 것은, 스웨덴이 사실 나치를 많이 도왔다는 것이다. 두둥! 그래서 지금까지도 관계가 그렇게 좋다고 한다. 스웨덴 사람이 스웨덴에서도 의료비를 지급해야 하지만 독일에서는 안 해도 된다고 한다.(?!) 뭐 이런 복지가 다 있지? 유럽 국가끼리는 서로 다 케어를 해주는 식이다. 그리고 스웨덴 정부가 그 돈을 지급하는 방식이다. 일이 없는 사람들도 지원금이 다 나온다고 한다. 어찌 보면 안 좋을 수도 있겠다 싶었다. 사람은 본래 귀찮아하는 동물이라 그 제도를 이용해 먹는 사람들이 많을 것 같았다. 물론, 세금도 많이 내지만 보험이라고 생각하는 것 같다.

또, 무상교육은 이미 유명한 복지이기도 하다. 그래서 나도 잠깐이지만 독일에서 공부하고 싶은 마음이 생기기도 했다. '나 한국 음악 알리고, 내가 뮤지션으로서 가치가 있는지 시험해 보려고 온 사람 맞나?' 문득 생각이 들었다. 참 신기하게도, 여행이 사람의 시야를 이렇게 넓혀주고 생각도 바꾼다는 걸 실감했다. 진작에 생각했으면 더 좋았겠다는 생각도 해 보았다. 근데 지금도 늦지 않았다.

'이미 여행을 하고 있고! 지금 또 긍정적으로 생각이 바뀌고 있지 않은가?'

Eva가 공연하기 좋은 장소로 Warschauer strausberg라는 기차역을 알려줬다. 내가 미리 알아봤던 장소들이 있어서 돌아다녀 봤는데 공사 중이거나 공연할 만한 장소가 아니거나 하는 크고 작은 문제점들이 있었다. 그래서 마지막으로 Eva가 알려준 곳으로 달려갔다.

그 역 근처에 돌아다니다가, 마침 좋은 자리가 있어서 공연을 시작했다. 근데 한 10분 정도 했나? 어떤 남자가 갑자기 오더니 거기 자기 자리라고 공연하지 말라고 했다. '공공장소에 자기 자리가 있다고?' 뭐 노숙인들도 자기 자리가 있다고 싸우는 판이니 그러려니 했다. 다른 곳에 가서 또 공연을 했는데 반응이 거의 살얼음판 수준이어서 주섬주섬 짐을 싸서 돌아왔다.

저녁엔 다음 날 내가 해줄 한식용 식재료들 장을 보고, 마하린과 Dinner Party에 초대받아서 가게 되었다. 그 전날 만났던 Lucy와 Emma가 사는 집인데 외모도 외모지만 마음씨가 참 예뻤다. 독일 친구들끼리 하는 작은 홈 파티였는데, 대학생들이 다 옹기종기 모여서 도란도란 재즈스러운 노래와 함께 이야기 나누는 이런 파티는 진짜 너무 사랑스러웠다. 나도 동아리 생활을 많이 하면서 MT, 동아리방에서 모임, 파티 등을 많이 경험해봤지만, 이런 홈 파티는 경험해 보지 못했었다. 오늘 진짜 많은 친구들을 만나고 다들 독일어만 사용하는 독일어 홍수 속에서 영어를 쓰면 너무 반가운(?) 그런 이상한 경험도 했다. 그래도 현지 친구들의 문화에 녹아들 수 있다는 것이 참 의미 있게 느껴졌다. 그리고 나도 한국에 돌아가면 이런 파티를 주최할 수 있는 넉넉한 마음의 카우치 서핑 호스트가 되고 싶다고 생각했다. 상상만 해도 좋지 않나?

버스킹을 하기 위해서 옷을 잘 챙겨 입어야 했는데, 독일은 날씨가 너무 춥지 않으면서 적당히 쌀쌀해서 전에 입던 패딩은 입기가 좀 불편했다. Primark라는 대형 매장에서 옷을 사기로 했다. 가장 마음에 드는 가죽 잠바가 €28 W38,000라니! 잠바를 사고 나서도 혼자 신나서 엄청나게 돌아다녔다. 독일은 공산품이 싸다고 했는데 생필품이 확실히 싸다고 느꼈다.

기분 좋게 득템을 하고 난 뒤, 필하모니에서 무료 공연이 있어서 부랴부랴 달려가서 입장할 수 있었다. 들어가자마자 피아노 소리가 들려왔는데, 눈을 감고 들으면 숲속에서 토끼와 노루가 뛰노는 모습을 머릿속으로 그릴 수 있었다. 가끔 첼로가 실수한다는 느낌을 받긴 했지만 '무료니까'라며 웃어넘겼다. 원래 그런 건가? 필하모니의 세계는 잘 모르겠다. 아무튼 여기서 가장 인상 깊었던 점은 한국이었으면 사진 찍으려고 핸드폰을 붙잡고 안간힘을 썼을 것 같은데 여긴 대부분 그렇지 않다는 것! 다들 음악에만 집중하는 모습이어서 참 신기했다. 그저 음악 자체를 즐기는 느낌이었다. 참 멋있는 분위기, 시민의식이라는 생각이 들었다. 독일이 점점 더 사랑스럽게 느껴졌다.

공연이 끝나고 나서 쿠담 Kurfurstendamm 거리를 갔다. 사람도 꽤 있어서 돌아다니면서 공연할 장소를 물색했다. Statun이라는 곳도 있어서 들어가 보니 전자 상가인데 엄청 컸다. 이어폰도 새로 사고 몇 가지를 샀다. 그리고 Lego Store에서 일하는 예쁜 점원에게 물어보니 주말마다 공연 포텐이 터진단다. 오늘은 화요일이라 공연이 별로 없지만, 공연해도 된다고 해서 바로 버스킹을 했다. 근데 70 Cent^{₩1,000}밖에 못 벌었다. 반응도 별로 없고 다들 갈 길 가는데 바빠서 깔끔하게 공연을 접었다.

하지만, 다시 한번 도전하자는 생각으로, 5시쯤에 Alexandere Plaz _{알렉산더 광장}로 왔다. 사람도 많고 좋았다. 이번 공연은 학생들이 위주로 봐줘서인지 큰돈은 없지만 동전은 아주 많았다. 그만큼 열정이 많이 느껴져서 참 재밌었다. 본인의 진심만큼 마음을 표현한 것이니 더 크게 느껴졌다. 사진 찍어 달라고도 하길래 같이 찍기도 하고 재밌었다. 연예인이 된 것 같았다. 서비스로 John Legend의 'All Of Me'도 불러줬다.

필살기가 많아져서 좋았다. 조미료 같은 노래들도 최선을 다해서 완성해야겠다고 생각했다. 레퍼토리를 확실히 할 필요가 있었다. 역시 즐겨야 하는 거야! 내가 좋아하고 즐기는 노래를 할 때 사람들이 그 에너지를 느끼고 모여드는 것 같다. 그래서 잘 즐기기 위해 연습이 필요한 것이 아닐까.

알렉산더 광장에서 버스킹 『새로산 가죽 잠바를 입고 폴짝』

집에 돌아오는 길에 지하철이 갑자기 멈추고 움직이질 않는 에피소드도 있었는데, 참 신기하게도 내 머릿속에선 '오, 이럴 때 공연을 해 보면 어떨까? 사람들이 짜증 난 마음을 조금이나마 누그러뜨릴 수 있지 않을까?' 이런 생각이 들었다. 여행이 진짜 나를 완전히 바꿔놓았다고 느낀 순간이었다. 생각대로 실천하지는 못했지만 기분 좋은 상상이었다.

집으로 돌아와서 콜라 찜닭을 시도했다. 전현무 님이 만들어서 유명해졌는데 물엿 대신 콜라를 넣으면 색도 그렇고 맛도 그렇고 꽤 괜찮았다. 진짜 신기함! 종종 해 먹어야겠다. 그리고 한식을 만들어주고 같이 먹으면서 가라오케 Party를 하게 되었는데, 어쩌다 보니 그냥 내 노래를 들려주는 Party가 되었다. 계속 듣고 싶다고 해서 참 좋았다. 분위기도 좋고, 무엇보다 음식이 대성공해서 참 기뻤다. 내친김에 다음날에 볶음밥도 해주겠다고 약속했다. 이게 먹을 것 잘 먹으면 다 해주고 싶은 엄마의 마음일까?

이제 여행이 한 달 남짓 남았는데 슬슬 아쉬워지는 느낌도 들었다. 영어도 더 열심히 공부하고, 레퍼토리도 늘려서 더 많은 사람에게 행복을 주고 싶었다.

여행을 통해서 삶에 대한 여유, 한국에서는 느끼지 못했던 차이들을 많이 느꼈다. 남들처럼 다 똑같이 달릴 필요 없고, 걸어도 되고, 쉬어도 되고, 다른 방향으로 뛰어도 되는 법을 말이다. 그래서 조금 더 다르게 살자고 생각을 많이 했던 것 같다. 어떤 선택을 할 때도 남들과 아주 조금이라도 다르게 해 보려고 노력하고 그런 삶을 살다 보니 오늘의 '쏭지니어 기명'이 된 것 아닐까 하는 생각이 든다. 지금 이 순간, 이 여행기를 다시 되돌아볼 수 있는 것도 너무 감사하다.

콜라 찜닭을 와인과 함께 먹고 난 뒤

04. 독일에서 만난 신라!

베를린에 머문 지 벌써 4일째, 또 벌써 정들었다. 마하린이 소개해 준 도심지 벙커 투어를 했는데 가장 인상 깊었던 것은 식당이었다. 이렇게 닭장 같이 작은 식당에서 3,000명을 먹여 살렸다니…. 전쟁 시에 꼭 살아남겠다는 강한 의지를 느낄 수 있었다. 근무자들에게 트레이닝복 같은 옷이 지급되었다는데, 옷이 노란색·빨간색 두 가지였던 이유는 2교대로 일을 할 수 있게 만들기 위해서였다고 한다. 진짜, 철저히 준비하는 독일인들이구만…. 발전기가 고장 났을 때 작동시키는 방법도 써놨다. 아직도 작동한다는 것이 신기했다. 투어를 마치고 나서 지하철 안쪽에서도 문을 비롯한 벙커의 흔적들을 볼 수 있었는데, 비상시 큰 문을 닫고 입장하는 방법도 듣게 되었다. 일반적인 관광지만 보고 다녔으면 몰랐을 법한 부분들을 새롭게 볼 수 있어서 좋았다.

그리고, 독일에서도 카우치 서핑 미팅이 있다고 해서 바로 찾아갔다. 입구에서 만난 엄청 건장하고 훤칠한 훈남은 네덜란드에서 여행 왔다고 하는데, 나를 아주 친근하게 대해주었다. 어떻게 이렇게 오픈마인드지? 존경스러웠다. 처음 보는 사람들한테도 가리지 않고 다 편하게 인사하고, 이야기도 엄청 잘 이끌었다. 덕분에 조금 더 편안하게 사람들과 친해질 수 있었다.

그 친구와 함께 자리에 앉았다. 옆자리에는 터키에서 여행 온 여자아이가 있어서 되게 반가웠다. 터키가 우리의 오래된 우방국이기도 하고, 이을용 축구선수가 뛰고 있어서 얘기했더니 역시나 알고 있었다. 역시 을용타!

그리고 스위스에서 여행 왔다는 동양 여자분이 있었는데 이야기해보니 엄마가 한국분이었다. 와 대박! 그래서 내가 한국말을 하면 알아듣긴 하지만 한국말을 할 수는 없다고 했다. 그래서, 나는 한국어로 하고 그 친구는 영어로 말하면서 대화를 이어갔다. 굉장히 신기한 대화였다. 아버지가 이탈리아인이고 어머니는 한국인이었다. 심지어 그 친구의 이름도 '신라'였다. 그래서 어머니가 주로 무슨 말을 한국어로 하시냐고 물어보니 진짜 웃긴 대답이 돌아왔다.

"이빨 닦았어?, 손발은? 발 씻고 자야지!"

"ㅋㅋㅋㅋㅋㅋㅋ"

펍에서 미팅이 끝나고도 숙소까지 가는 길이 비슷해서 지하철에서도 한국인들의 특징을 얘기하면서 한참을 깔깔거렸다. 우리는 서로 다른 언어를 썼지만 서로 이해되는 참 신기한 경험을 했다.

베를린에서 마하린과 헤어지고, 프라하로 넘어가는 날이었다. 프라하로 가야 하는데, 같이 가기로 한 카풀 호스트가 어디서 타야 하는지 명확하게 이야기를 해주지 않아서 난처했다. '그래도 역 근처로 일단 가보자!' 생각하고 며칠 동안 잘 케어해준 마하린과 Eva와 인사를 하고 길을 나섰다. 목적지로 향하기 위해서 어떤 역으로 무작정 갔는데 이젠 진짜 연락이 닿아야 할 때라고 생각할 무렵, 30분 무료 와이파이 존에서 카풀 호스트와 연락을 시작했다. 나를 데리러 올 수 있냐고 물어본 뒤 연락이 안 되어서 계속 기다리다가, 상대방의 알림이 뜨려고 하는 절체절명의 순간! 와이파이가 끊겼다. OTL.

방황하다가 말끔한 숙녀분에게 물어보니 근처에 있는 Ibis 호텔에서는 무료라고 확인해 보라고 하셨다. 호텔로 가서 자초지종을 설명하니 Wifi 사용 방법을 알려줬다. 너무 고마웠다. 이곳으로 온다는 답장을 받고 한숨 돌렸다. 차에 타서 이런저런 이야기를 하면서 가고 있었는데, 핸드폰 GPS를 보니 프라하가 아닌 폴란드 방향으로 가고 있다는 것을 알게 되었다. 뭐지? 내 GPS가 이상한 거겠지? 이 사람들은 현지인이니 알아서 잘 가겠지 싶었는데, 결국에는 카풀 운전자가 계속 알아들을 수 없는 말로 혼자 중얼거리면서 같은 구간을 계속 빙빙 도는 것이 느껴졌다. 보다 못한 내가 지금 잘못 가고 있는 것 같다는 말을 꺼냈고, 우여곡절 끝에 다행히 프라하까지 잘 도착했다.

시간도 늦었고 연락을 하고 싶어도 Wifi가 없어서 당황스러운 상황이었다. Karflaud라는 마트에 있던 약사분께 여쭤보니 다행히 영어를 잘하셨다. 구글까지 검색해주는 친절함이 너무 감사했다. 그 주소대로 가서 찾아봤는데 Jarda라는 사람은 없었다. 뭐지…. 그래서 지나가는 행인분께 여쭤봤는데 다행히 영어를 잘하셨다. 친절하게도 Sir name^성을 알아봐 주셔서 그 힌트로 집을 찾을 수 있었다.

Jarda집 찾기 전 길을 묻기 위해 들어간 Karflaud마트

도착하니 반갑게 맞이해주신 Jarda 형님! 따뜻한 인사와 함께 체코 전통 빵도 주시고, 개인 방도 안내해 주셨다. 그리고 물담배도 해봤다. 켁켁! 그 모습을 보고 웃다가 내가 버스킹 여행을 하는 것을 아시고서 버스킹하기 좋은 곳, 그리고 본인이 진짜 애정하는 베트남 음식점도 알려주셨다. 여기 주변은 다 저렴하다고 했다. 너무나 따뜻한 분을 만나서 기분 좋게 이야기를 나누고 하루를 마무리했다.

02. 프라하에서 쌀쌀하지만 따뜻한 버스킹

그동안 버스킹을 하면서 꼬깃꼬깃 모았던 돈으로, 한국인들 대상으로 하는 프라하 가이드 투어를 신청해 보았다. 또, 신기하게도 더블린, 프랑스에서 같이 여행했던 미래도 프라하에 있어서 다시 한번 동행하게 되었다. 큰맘 먹고 신청한 만큼 기대도 많이 했는데, 돈이 아깝지 않게 가이드분이 설명을 정말 잘해주셨다. 시민회관부터 화약고 탑, 까를대학, 스타폼브스케극장 등을 쭉 돌아보면서 이 나라의 역사와 정서 여러 가지를 알려주셨다. 그중에서 가장 기억에 남았던 건 까를대학교에 관한 이야기였다. 붉은색 벽돌로 지어진 까를대학교를 보며 말씀을 들으니 학생들이 나치에 저항하여 분신하는 모습이 연상되었다. 그 이후에 체코 시민들도 분노를 해서 대규모 시위로 이어졌다는 것도 알 수 있었다. 마치 우리나라 근현대사의 위인인 전태일 열사의 이야기를 듣는 것 같아서 까를 대학교 학생에 대한 몰입이 굉장히 잘 됐다. 역사에 대해 객관적인 관점으로 설명해 주는 것이 너무 마음에 들었다.

체코의 역사를 우리나라 근현대사와 다른 역사들로 알기 쉽게 비교해서 설명해 주셔서 이해하기 쉬웠다. 이야기를 들으면서 공산주의, 자본주의에 대해 자세히 알고 계셔서 학생운동을 하신 분인 줄 알았는데 중립이라고 하셔서 좀 신선했다. 이런 중립이 진정한 정치적 중립이 아닐까 생각이 들었다. 아무것도 안 하면서 자기는 중립이라며 고상한 척하는 사람들과 너무 비교되었다. 투표로 자기 의사를 결정할 수 있으니 참 좋은 세상 아닌가? 아무리 고르기 어려운 세상이라지만, 최악을 막기 위해 적어도 후보자들에 대한 공부를 하고, 투표라도 꼭 해야겠다는 생각이 들었다.

투어 후, 해가 기울어지는 시간 즈음에 존 레넌 벽을 찾아갔는데 이미 다른 사람이 버스킹을 하고 있었다. 이 벽은 독재 정권에 저항하는 학생들과 시민들, 민주화를 꿈꾸는 사람들의 상징이라고 한다. 그러한 상징적인 의미가 있어서인지 더더욱 음악으로 그러한 분위기를 적셔주고 싶었던 것이 아닐까? 의미 있는 곳이니만큼 공연해 보고 싶었지만, 아쉽게도 자리가 날 것 같지 않아 포기하고 다른 장소를 찾았다. Republic square도 가봤는데 거기선 정말 내 소리가 아예 안 들려서 하는 둥 마는 둥 했다. 결국 다시 까를교 너머로 발걸음을 돌렸다. 그곳에 도착하니 예쁜 두 명의 뮤지션이 공연을 마치고 주섬주섬 정리하고 있었다. 오 여기가 핫플인가 보다! 한 명은 기타, 다른 한 명은 바이올린

존 레넌 벽에서 『버스킹 중인 청년』

을 연주하며 노래를 하는 것 같았다. Facebook 교환을 했다. 아 이런! 사진을 같이 안 찍었네!

버스킹을 6시에 시작하니 반응이 괜찮았다. 역시 장소가 괜찮았던 모양이었다. 노래를 하다 보니 한국인 분들도 많이 만났다. 신청곡을 많이 불러드렸는데 역시나 故김광석 님의 노래가 이 분위기에 너무 잘 맞았다. 어둡고 주황색 가로등이 살짝 비치면서도 조금은 쌀쌀한 와중에, '잊어야 한다는 마음으로'와 '서른 즈음에'를 불러드리니 이런 분위기에서 진짜 좋아하는 노래를 들을 수 있다며 소년, 소녀들처럼 좋아하셨다. 개인적으로 너무나도 감사했다. 그래서인지 몰라도 한국분들이 팁을 제일 잘 주셨다. 열정이 멋있다며, 계속 무슨 일이 있어도 노래를 계속해 달라는 말씀도 가슴에 콕 박혔다. 이날만 €30^{₩40,000} 정도 벌었는

카를교 근처에서 공연

데, 여태까지 최고 기록이었다. 오늘 버스킹은 참 성공적이었지만 존 레논 벽에서 못한 게 너무 아쉬웠다. 프라하를 떠나기 전에 기필코 그곳에서 공연해 보고 싶었다.

참 마음이 따뜻해졌다. 11월의 프라하는 그리 춥진 않았다. 사람들과 함께 이야기를 나누며 여행할 수 있다는 것만으로도 큰 행운이었다는 생각이 든다. 특히 요즘같이 코로나로 집 문밖에 나가기도 두려운 시대에 나에게는 너무나도 소중한 시간들이었다. 작은 기타와 미니 앰프를 들고 떠났던 여행, 앞으로도 이런 기회가 다시 있을까 하는 생각이 든다.

03. 공연은 타이밍

항상 아침을 해주는 Jarda, 너무나도 감사했다. 계란프라이, 차, 빵을 어김없이 차려주셨다. 그리고 브로콜리같이 생긴 것도 물에 데쳐서 먹었는데 너무 맛있다. Organic agriculture에 관심이 많고 그걸 직업으로 삼고 싶다고 하셨다. 현재 나도 농업 관련 회사에서 엔지니어로 일을 하고 있는데 어쩌면 이때의 다양한 경험이 지금의 나로 성장하기 위한 자양분이 아니었을까 하는 마음에 또 한번 감사하다. Jarda는 지금은 우체국에서 Part-time Job을 하고 있지만, 미래의 꿈을 위해 착실히 일하고 또 준비해 가는 것 같아 내가 더 뿌듯했다. 그리고 무엇보다 항상 성심성의껏 대접해 주려 하고, 대화해 주는 것에 너무 고마웠다.

Jarda의 출근길에 함께 밖으로 나왔다. 나는 존 레넌 벽에서 공연을 하고 싶어서 한걸음에 호다닥 달려갔다. 역시나 누군가 공연을 하고 있다. 예약제인가? 그래서 어제 공연했던 곳에서 낮에 해도 괜찮겠다 싶어서 다시 가봤다. 근데 웬걸!

'두두두— 두두— 두두—'

건너편에서 공사 중이어서 소음이 너무나 컸다. 그래서 앰프 볼륨을 더 키웠더니, 앞에 있는 기념품점 아주머니가 시끄럽다며 다른 곳에 가라고 하신다. 한 15분 했나? 사람들도 분주히 움직이며 도통 반응을 보이지 않았다. 확실히 어두움과 조명이 주는 분위기가 있는 것 같았다.

주말이어도 한가롭지 않고 분주한 곳은 나의 버스킹과는 잘 어울리지 않는다는 것을 알 수 있었다. 낮에는 자기가 가야 할 목적지가 있어서 그런지 사람들의 움직임에 뭔가 이성적인 느낌이 강했다. 이렇게 시간과 공간의 제약을 받을 때마다 앰프 빵빵하게 틀고 공연할 수 있었던 대전이 그리워졌다. 그때는 광장 같은 곳에서 해도 소리가 쫙쫙 뻗어나가는 앰프와 동료들이 있어서 참 좋은 조건이었다. 그래도 지금 이 순간은 누가 쉽게 해볼 수 있는 경험이 아니기에 너무나도 즐겁게 하고 있는 것 같았다. 좋은 점이 있으면 힘든 점도 있는 거지!

집에 돌아오는 길에 K-마트를 찾아서 한식용 참기름, 신라면 등등 식자재를 샀다. 신기하게도 마트에서 일하는 체코 점원이 한국말을 했다! 마침 누가 해주는 한국 음식을 너무너무 먹고 싶어서 주위에 있는 한인 식당도 추천받았다. 버스킹하면서 조금씩 모았던 돈이 남기도 했고, 제육볶음이 너무 먹고 싶어서 한걸음에 찾아갔다. 'MANY'라는 식당이었는데 몽골인 점원이 많고 사장님은 멋쟁이 한국인이었다. 식당은

매우 컸는데 장사도 잘됐다. 제육볶음은 눈물이 날 정도로 맛있어서 밑
반찬까지 싹싹 긁어먹었다. 눈물의 제육 대회였다. 이때의 제육 맛은 영
양사인 엄마가 해주는 것보다 맛있었다(진심…. 참고로 엄마가 해주시
는 음식은 맛있기로 백종원 저리가라다).

Jarda에게 요리해줄 때, 함께 『분노의 질주 주인공 벤 디젤 닮은꼴』

04. 예상치 못한 휴식, 달콤한…

하루는 Jarda가 아침에 너무 일찍 깨워서 조금 당황했다. 8시
10분즈음 깨워줬는데, Jarda가 10시 11분에 기차를 타야 할 것 같다
며 밥을 지금 해서 먹어야 하지 않겠냐고 했다. 조금 당황했지만 내 집
이 아니기에 알겠다고 했다. 오랜만에 먹는 신라면! 각종 채소에 계란
까지 풀어 먹으니 아주 환상이었다. 밥을 먹는 중에 갑자기 Jarda가 자
기 어머니 집 같이 가는 것이 어떠냐고 제안했다. 잉? 당황스럽긴 했
지만 그래도 혼자 쉬는 것보다 같이 가보면 더 좋은 경험을 할 것 같아
서 난 좋다고 했다. 뭐 전날에도 열나게 노래 불렀는데 오늘 하루는 쉬

어 줘야지. 안 그래? '그래 그게 좋지' 그리고 특별한 집에 가는 건데 마다할 리가 있나! 약간 급하게 준비해서 간신히 기차도 타고 도착한 'NYMBURG'. Jarda는 시내 근처를 같이 둘러보고 들어가자고 했다. 같이 오래된 성도 보고 다리 위에서 사진도 찍고 Central도 본 후에, 옛날 공산주의였을 때의 모습이 느껴지는 아파트 단지로 향했다. 주로 나무로 만들어진 집 내부가 조금은 차갑게 느껴졌다. 반면 Jarda의 어머니는 아주 따뜻하게 맞아주셨다. 영어도 할 줄 아셔서 정말 깜짝 놀랐다.

체코 시골의 가족과의 성벽

가자마자 애플파이에 커피를 마시고 점
심으로 돼지고기와 어제 먹은 브로
콜리 같은 음식, 스파게티 호박이
라는 걸 먹었다. 한입 베어 물면
스파게티 면처럼 실타래가 나
와서 진짜 신기하고 맛도 좋았
다. 그리고 그날은 체코 Vs 독일
여자 테니스 결승전 날이었다. 차
를 마시면서 경기를 계속 봤는데, 같
이 체코를 응원하면서 보고 있자니 흥이
났다. 역시 스포츠는 만국 공통의 관심사 같았다.

다시 집에 돌아와서는 콜라 찜닭을 만들었다. 독일에서 한 번 만들어
보니 이제 자신감이 붙었다. 건강에는 안 좋을 것 같긴 한데, 그래도 보
글보글 끓이니 콜라 맛은 하나도 없고 제법 간장 찜닭 맛이 났다. 역시
오늘도 대만족! 오늘 한 것은 많이 없지만 하루 종일 여유로운 하루를
즐겨서 좋았다.

BOARDINGPASS

〜〜〜〜〜〜〜〜〜〜〜〜〜〜〜〜

FROM **CZECH REPUBLIC**

TO **SLOVAKIA**

FLIGHT **SUNBEEBOOKS**

OPTION **SONGINEER CLASS**

NAME **GENIUS**

NO.08

슬로바키아

01. 뜨거운 안녕, 행복한 Bratislava

프라하에서 따뜻한 여정을 마치고 슬로바키아의 수도인 브라티슬라바로 넘어왔다. Miro라는 호스트를 찾아가는 저녁 길은 왠지 차갑게 느껴졌다. 구 공산주의 국가여서 그런지 건물들 곳곳에 총과 기계 부품들을 든 군인들의 동상들이 있었고 사람들도 별로 없어서 뭔가 조심스럽게 다녀야만 할 것 같은 분위기였다. 프라하도 건물들이 노후된 건물들이 많긴 했지만 브라티슬라바에 있는 건물들이 더 심한 것 같았다. 그러나 막상 집에 도착하니 집 안은 널찍했고, 심지어 복층이어서 돌아다니기도 좋았다. 집에는 폴란드 여자 카샤와 슬로바키아 친구 Istvan이 어색하게 앉아 있었다. 왜 그런가 했더니 커플인 줄 알았는데 알고 보니 히치하이킹 하다가 만난 사이였다. 카우치 서핑도 할 수 있게 돼서 같이 머물게 되었던 것이다. 인생을 참 즐겁게 사는 것 같아서 한편으로 부러웠다. 낮에는 Slak이라는 줄타기 놀이도 했다는데, Central 근처 강 주변에서 쓰레기 줄들을 주워서 하나로 엮었다고 말해줬다. Slak은 그 줄을 양쪽에 걸어놓고 맨몸으로 줄을 건너는 게임 같은 거였다. 카샤도 어제 처음 해봤다는데 재밌었다고 같이 해보라고 했다. 이 Flat에는 정말 재미있는 친구들이 많았다. 함께 Bar에 가서 맥주와 Kebab도 먹고, 내 여행 이야기도 하고 히치하이킹 이야기도 하면서 즐거운 시간을 보냈다. 호스트인 Miro는 늦게 퇴근하는 바람에 많은 얘기를 하진 못해서 아쉽기도 했다.

그래서 그다음 날, 나의 비밀 병기인 콜라 찜닭을 대접해 주었다. 금방 할 수 있을 줄 알았는데 역시나 확실히 잘못된 생각이었다. 시간이 너무 오래 걸려서 좀 미안하기도 했다. 닭부터 채소까지 일일이 손질해야 해서 시간이 많이 들었다. 인원도 6명이다 보니 힘에 부치기도 했다. 그래도 시작한 이상 끝까지 해내야지!

맛있게 먹는 중! 『개구쟁이 Mrio (제일 왼쪽)』

그렇게 인고의 시간을 거쳐 콜라 찜닭과 인디언 쌀로 한국식 밥을 만들 수 있었다. 반응들이 좋아서 진심으로 기뻤고 힘들었던 것들을 다 잊을 수 있었다. 이게 자식들이 밥 잘 먹으면 흐뭇해하는 엄마의 마음일까? 이렇게 소스와 밥을 같이 먹어본 적도 없고, 당면도 너무 신기하고 맛있다고 해서 너무 뿌듯했다. 근데 콜라 찜닭을 만드는 걸 보고 '카샤'가 정말 깜짝 놀랐다고 했다.

"아니 글쎄, 콜라를 한 모금 마시더니, 나머지 페트병에 있는 것을 냄비에 넣더라고!"

"ㅋㅋㅋㅋㅋ 깜짝 놀랐지? 근데 콜라 맛 하나도 안 나잖아."

"응 그건 맞아, 근데 진짜 맛있어, 이거 봐 다 비웠어."

뿌듯한 마음과 함께 하루를 마무리할 수 있었다.

02. 브라티슬라바 비긴어게인

카우치 서핑에서 슬로바키아 호스트들에게 연락하다가 한국에 진짜 관심이 많은 Jarmila와 Andrea, 그리고 Luka를 알게 됐다. 서로를 알지는 못하지만, 같이 만나서 놀기로 했다. 정말 다들 오픈마인드 같았다. 처음 만난 Jarmila는 엄청 미인이었다. 그녀는 영어를 열심히 배우고 있다고 했는데, 한국 문화에도 관심이 많고 엄청 쾌활했다. 그리고 Jarmila의 절친이라는 Andrea는 왠지 그녀를 오랫동안 짝사랑해 온 듯한 느낌도 들었다. 먼저 이 친구들을 만나서 같이 버블티도 마시고, 해가 어수룩해질 때쯤에 Luka를 만나기로 했다. Luka는 밴드를 하고 있는데 스튜디오가 있다고 해서 같이 가서 약간의 음주와 함께 기타도 치면서 놀기로 했다. Luka의 스튜디오 역시 공산주의 느낌이 물씬 났다. 반듯한 회색빛 건물들이 닭장처럼 다닥다닥 붙어 있었다. 아니나 다를까 예전에 산업 복합단지였다고 알려줬다. 그런데, 역시나 실내에 들어가 보니 스튜디오는 정말 환상적이었다. 들어가는 순간 옛날 <러브하우스>의 노래가 딱 떠올랐다. '따라 따라따 딴 따라라라~♪' 사방에 널려 있는 기타들, 드럼, 앰프, 각종 라인이 자연스레 내 심장을 뛰게 만들었다. 내 미니 기타의 라인을 앰프에 꽂으면 마이크도 쓸 수 있었다. 매일 생목으로만 노래를 부르다 보니 마이크의 효과음이 너무나도 가슴을 울렸다. 와 진짜 대박 이게 얼마 만인가? 스튜디오에 있는 장비들이 상당히 고가이다 보니 사운드가 진짜 끝내줬다.

'꽃송이가 - 버스커버스커', '죽겠네 - 10cm', 'Sunday Morning - Maroon5' 등의 노래를 불렀는데 Luka가 기타리스트이다 보니 같이 Jam을 하자고 했다. 즉흥으로 내가 잡는 기타 코드에 맞춰서 바로바로 애드립을 넣어주는데, 그 순간이 너무 황홀했다. Luka는 어쿠스틱 기타는 진짜 오랜만에 친다고 잘 될지 모르겠다고 했는데, 수준급의 실력이었다. 서로 사는 곳, 언어는 다르지만 음악으로 하나가 되는 기분이었

Luka, 나, Jarmila, Andrea 『Luka네 스튜디오에서』

다. 같이 있던 Jarmaila와 Andrea도 너무 좋아해주었다. 그렇게 우리 들만의 비긴어게인 공연을 마친 뒤 이야기를 더 나눠보니 Luka는 한국 에도 두 번이나 왔었고, 심지어 전 여자친구가 한국인이었다. 다양한 말 을 구사할 줄 알았다. '배고파?' '피곤해?' 등등 완전 신기했다. 나중에 한국에서 석사 과정 공부도 하고 싶다고 한다. 심지어 대구에서! 하하 하!

그렇게 꿈 같은 Jam 공연을 마치고 Jarmaila가 자기 집에서 같이 밥 을 먹고 가라고 했다. 내 소식을 어머니에게 말씀드렸더니, 집으로 초대 해서 식사 대접을 하고 싶다고 하셨단다. 워낙 음악을 좋아하시다 보니 한국 노래를 듣고 싶기도 하고, 같이 이야기도 해보고 싶어하셨던 것이 다. 집으로 가니 슬로바키아 가정식에서부터 과일 후식까지 식사를 풀 코스로 차려주셨다. 감사했지만 사실 오트밀처럼 생긴 음식은 비위에 맞지 않아 먹을 수 없었기에 너무 죄송했다. 웬만하면 다 먹고 싶었으나 비린 맛이 강했다.

대접을 받았으니 나도 선물을 드려야 할 차례! 'Hallelugah', '죽겠네', '서른 즈음에'를 불러드리니 "도브레"라고 연신 말씀하셨는데 한마디로 'Good'의 의미이다. 그리고 "데퀴엠"이라고도 많이 말씀하셨는데 고맙다는 뜻이었다. 해외에서 이렇게 가정집에서 식사해 보고 노래까지 불러드릴 기회가 몇 번이나 있을까? 지금 생각해봐도 이 여행은 정말 하길 잘했다는 생각이 들었다. 어머니께서는 고맙다며 수제 초콜릿도 손에 쥐어주셨다. 집으로 가는 길에 Jarmila가 나를 정류장까지 데려다줬는데 왠지 모를 애틋한 기류가 흘렀다. 하지만 우린 서로가 인연이 될 수 없다는 걸 직감적으로 아는 것인지 어색하지만 친한 그런 대화를 나누며 버스정류장에 도착했다. 그렇게 집으로 돌아왔고 하루를 마무리했다.

03. 그녀와의 단독 데이트?!

영화 같은 날이었다. Jarmila가 시내 가이드를 해준다고 해서 아주 흔쾌히 나왔다. 귀엽기도 하고 성격이 너무 착했다. Castle과 Historical Central을 보기로 했다. 성의 외관은 단순했다. 튼튼해 보이는 성들과 나무들뿐이었다. 그저 같이 걷기만 해도 좋았으므로 관광지는 크게 상관없었다. 평일이어서 그런지 성안에는 사람들도 없고, 찬바람만 쌩쌩 불었다. 그래서 슬리번이라는 기념비로 향하기로 했다. 그 기념비 앞에서 Jarmila를 위해서 노래도 불러주기도 하고, 노래를 불러줬을 때 나를 쳐다보는 미소가 참… 잊히지가 않는다. 한마디로 비긴어게인 영화 속 한 장면을 찍은 것 같다.

Historical Central에 도착해서 Andrea도 만나고 Jarmaila의 아버지가 군인 시절에 많이 가셨다는 맥줏집을 갔다. 맥주를 한잔하면서 케밥도 같이 먹었는데, 같이 돌아다니면서 나도 모르게 배가 많이 고팠는지 두 그릇이나 먹었다. 맥주를 마셔서 그런지 대화의 수위도 점점 높아졌다. 음… 왠지 모르게 서로 호감이 있는 게 확신이 들었지만 누구 하나 서로 먼저 이야기를 꺼내기 어려웠다. 어차피 헤어져야 할 것이 뻔하기 때문이었다. 그래서 내가 해줄 수 있는 건 없고, 내가 여행 훈장처럼 생각하던 태극기 배지를 줬다. Jarmila가 처음에 이거 혹시 자기 줄 수 있냐고 했을때 이건 하나의 훈장처럼 쓰는 것이어서 미안하다고 했었다. 그런데 여러모로 고마움을 느껴서였는지 나도 모르게 선뜻 주게 되었다. 그러자 갑자기 감동을 받았는지 펑펑 우는 모습에 당황스럽기도 하고, 한편으론 마음이 참 짠했다. 서로 아쉽게 헤어지고 난 뒤에 집에 도착하자 장문의 메시지가 와 있었다. 하나같이 고맙고, 또 봤으면 좋겠다는 내용이었는데 이 메시지 때문에 다음 행선지를 바꿔야 하나 고민까지 했다. 하지만, 그래도 가야 할 길은 가야겠다는 생각으로 아쉬운 인사를 남기고 헤어졌다. 지금 생각해도 애틋했던 것 같다. 지금은 좋은 사람 만나 잘 살고 있으니 참 다행이다!

안녕! Jarmila 『Castle에서』

떠나는 날 아침은 Flat mate들이 모두 다 출근하거나 일이 있어서 아침 일찍 나가야 했다. 헝가리의 부다페스트로 향하기 위해 짐을 다 챙겨서 나왔는데 Jamila가 버스 정류장으로 오겠다고 했다. 시간이 안 될 줄 알았는데 짬 내서 잠깐 나를 보러 온 것이다. 참 너무 기특하고 예쁘기도 해서 버스킹 한 돈을 꼬깃꼬깃 펼쳐서 커피를 사줬다. 같이 사진 찍었던 것도 보고, 진로에 관한 이야기, 한국 문화에 관한 이야기 등 끊임없이 수다를 떨었다. 그래서 서로 모르게 손을 잡기도 하고, 이야기도 많이 했다. Jarmila가 버스까지 기다려준다고 해서 같이 기다렸다. 그러던 차에 옆에 있던 미국 청년들이 먼저 말을 걸어줬다. 기타가 워낙 작다 보니 우쿨렐레냐고 물어봤다. 자연스럽게 음악 얘기, 나의 여행 얘기를 하게 됐다. 그러다 버스가 90분 지연된다고 하길래 작은 콘서트나 하자고 제안했다. 역시 이게 여행이지! 공중도덕의 문제가 될 수도 있으니, 혹시 몰라서 주변 분들에게 질문을 드려봤다.

"여러분 여기서 노래해도 될까요?" 모두의 이목이 쏠렸다.

"왜 물어봐요. 당연히 해도 되죠! 아니야, 무조건 해야 돼!"

그렇게 아주 재미있는 상황이 연출되었다.

'Sunday Morning - Maroon5', 'All Of Oe - John Legend' 등 노래를 들려드렸다. 그런데 다들 수줍음이 많아서인지 환경 때문인지 큰 반응들은 없으셨다. 다만 그 미국 친구 두 명은 팁을 주고 노래를 따라 부르기도 하며 적극적으로 호응해 주었다. 이 친구들이 맥주도 사 와서 같이 마시고 놀면서 Jarmila와도 마지막 추억을 보냈다. 그렇게 버스를 타며 헤어지고, 부다페스트에 무사히 도착해서 Istvan이라는 호스트를 만났다. 이분은 교회 목사셨다. 교회 건물 일부에 프로젝트 때마다 사용되는 숙소가 있는데 그곳에서 카우치 서핑 여행객들을 위해 장소를 제

공하고 계셨다. Istvan의 가족분들도 너무 따뜻하고, 아이들도 너무 순수하게 해맑았다. 이곳에는 한국 사람들도 많이 왔었다고 했다. 심지어 내가 간 날 기준으로 전주에도 한국 여자 2명이 2박 3일 동안 있다가 가기도 했을 정도였다. 참, 이곳에서의 시간도 너무 재밌을 것 같았다.

버스정류장 근처 카페에서

01. 신나는 어부의 요새

아침에 일찍 나와서 시장부터 Citadella, Buda Castle, Fisherman's bastion^{어부의 요새} 순으로 관광을 했다. 시장은 역시 어느 곳이나 그렇듯 정말 활기찼다. 파프리카, 소시지가 유명해서 그런 제품들이 정말 한가득 있었다. 할라슬레라는 전통음식을 먹고 싶어서 시장 내 직원분께도 여쭤봤는데, 5~8분 정도 걸으면 괜찮은 곳이 있다고 했다. 의심의 여지 없이 갔더니, 그냥 일반 로컬 분들이 가시는 음식점이 아닌 호텔 식당이었다. 당했다 싶었지만 다시 나와서 돌아다니고 알아보기엔 시간도 부족하고 무엇보다 너무 배고팠다.

헝가리 전통 생선국 『할라슬레』

헝가리는 다른 나라보다 물가가 싼 편이어서 그냥 먹기로 했다. 막상 나온 음식을 먹으니 시장에서 파는 육개장을 고급 호텔에서 먹는 느낌이 들었다. 비용도 역시 일반 물가보다 비쌌지만 그냥 다른 지역에 비하면 싸다고 생각하며 쿨하게 먹었다. 밥을 먹고 헝가리의 전경이 다 보이는 Citadella로 열심히 올라갔다. 경치가 정말 아름다웠다. 다리도 보이고 강도 보이고, 고층 빌딩들이 많이 없어서 그런지 더 예뻐 보였다. 아기자기한 빌딩들이 친구처럼 붙어 있는 모습이 한 폭의 그림 같았다.

그렇게 Buda Castle도 가보았다. 이곳은 우리나라로 치면 경복궁, 숭례문, 박물관 같은 곳이었는데 참 보존이 잘 돼 있었다. 대통령궁이 바로 근처에 있는데도 일반인들이 둘러볼 수 있는 게 굉장히 신기했다.

긴 여행 끝에 마지막 목적지인 '어부의 요새'에 도착했다. 그 근처에 있는 성당 입구가 어부의 요새 입구인 줄 알았다. 그곳에는 티켓 판매를 하고 있어서 들어가지 못하리라고 생각하고 있었는데 성당만 입장료가 있었다. '오예!' 신나서 여기저기 야경도 찍고, 내가 공연하기 좋은 곳을 찾아 나섰다. 정말 하나같이 다 예술품들이 따로 없었다. 어부의 요새는 과거 어부들로 이루어진 시민군들이 지켰던 곳이라는 것에서 유래가 되었다. 그러다 요즈음엔 경치가 너무 아름다워서 더 유명해졌다.

공연할 만한 곳을 빙빙 돌면서 찾아다니다가 진짜 기가 막힌 장소를 찾았다. 7개의 돔 중에서 하나였는데, 사람들의 유동도 많고, 내가 가진 조건으로 최고의 사운드를 만들 수 있는 조건이었다. 마이크 없이도 사람들이 최대한 소리에 집중하게 만들 수 있었다. 그렇게 공연을 시작하니 사람들이 하나둘씩 팁도 주고, 신청곡도 부탁하고, 마지막에는 이탈리아에서 관광 오신 분들이 단체로 구경을 하셨다. 그중 한 분이 단체여행 왔는데 혹시 이태리곡 하나만 연주해도 되겠냐고 정중하게 요청했다. 진짜 이태리 분들이 다 같이 노래를 부르는데 너무 장관이었다. 음악으로 하나 된다는 게 이런 말일까? 싶었다. 그분은 로마에 계시는 분이었는데 다음에 로마에 올 계획이 있으면 연락하라고 고맙다며 메일을 교환하기도 했다.

부다페스트에서 잊지 못할 공연을 경험했다. 관광을 하고 난 뒤에 마지막 장소에서 한 공연이어서 더 뜻깊게 느껴지기도 했다.

이태리 단체 관광객들의 노래 『어부의 요새에서』

Istvan의 가족들과 식사를 할 때는 항상 행복한 미소가 가득했다. 가족이 다들 둘러앉아서 식사했고, 아이들이 울다가 웃다가 X꼬에 털도 났다가 장난도 쳤다. 물론, Istvan의 와이프인 '레네'가 엄청 고생했지만 말이다. 레네는 보면 볼수록 너무 대단한 엄마 같았다. 화를 전혀 내지 않았는데, 마음에 화라는 것이 없어 보였다. 아이들도 내가 마음에 들었는지 '두두두'라고 웅얼거리면서 장난도 치고, 내가 장난쳐도 잘 받아주고 재밌게 놀았다. 나의 정신연령은 아이들과 같았다.

귀요미 막냉이!

밥을 먹으면서 오늘 저녁에 헝가리 집시 아이들을 위한 교회에서 한국 문화 체험 활동이 있다고 들었다.

"네? 한국 문화요?"

"응, 사실 여기에 한국에서 파견 나와 계시는 목사님이 계셔서, Ki네가 함께 해주면 좋을 것 같은데 어때?"

"음.. 오 좋죠! 재밌겠는데요?"

"그래 그럼 오늘 저녁에 보자!"

이렇게 갑자기 나는 봉사활동 선생님이 되었다.

시간이 많이 남아 가보고 싶었던 Szechenyi thermal bath로 향했다. 여기는 공중목욕탕(?) 같은 곳인데 어떻게 보면 따뜻한 워터파크 같은 느낌이었다. 야외 온천이 있어서 바로 가보았다. 일단, 눈이 참 즐거웠다. 하하하! 나는 혼자 갔지만 그곳에서 친구들을 만나 같이 즐거

운 시간을 보냈다. 거품이 보글보글 올라오는 곳이 있길래 갔는데 놀다
보니 어느새 베트남 여자와 아르헨티나 남자와 함께 놀고 있는 나를 발
견했다. 베트남 여자는 프랑스 Lyon 근처에서 공부 중이고, 아르헨티
나 남자는 바르셀로나에서 일을 하고 있었다. 참 인연이란 신기한 것 같
다.

부다페스트 야외 온천

집에 돌아와서 같이 토마토 수프와 치킨을 먹고 한국 문화 봉사활동
을 위해 유치원으로 향했다. 집시 아이들의 교육을 위해 무료로 교회에
서 진행하는 프로그램에 참여하게 되었는데, 내가 간 달이 마침 한국
문화 체험 기간이었다. 순전히 아이들을 돕고자 하는 선생님 그룹이 있
었는데 마음씨가 참 다들 너무 착했다. 그리고 그중에는 부다페스트에
서 공부하고 있는 Hunga라는 친구도
있었는데 진짜 이런 친구들이 많아져야
하지 않을까 하는 생각이 많이 들었다.
아이들을 진짜 자기 동생들처럼 여기
며 머리를 따주기도 하고, 무슨 말을 해
도 잘 받아주고 따뜻하게 대화해 주는

모습이 너무나도 아름다웠다. 또, 한국에서 오신 선교사 최종관 목사님도 계셨다. 이곳에서 한국인과 함께 봉사활동을 하다니 정말 생경한 순간이었다. 여기에 온 이상 공연을 해야 한다고 하셔서 소규모 공연을 또 했다. 'Hallelugah', '죽겠네', '서른 즈음에' 등을 불렀다. 역시 아이들이라 그런지 반응이 폭발적이었다. 처음에는 아이들이 좀 강한 느낌이 들었는데, 노래까지 해주니 좋다고 안 떨어지는 모습이 너무 귀여웠다.

봉사활동이 끝나고 집에 돌아가면 콜라 찜닭을 해주기로 했는데, 간장이 마침 없었다. 한국 목사님께 여쭤보니, 흔쾌히 본인 집에 와서 가져가라고 해주셨다. 감사한 마음과 간장을 빌려주신 대가로 노래도 불러드리고 행복하게 집으로 돌아왔다. 같이 음식을 먹고 즐기면서 재밌게 가족사진도 찍었다. 특히, 팔링카라는 자두로 만든 전통 헝가리 와인을 마셨는데 60도였나? 엄청 셌다. 다음날까지 힘들 정도였다. 참 사람 냄새 나는 시간이었다.

Istvan동생의 남친, Istvan, 리네, Istvan동생, 어머니 『셀카봉이 신기한 헝가리 가족』

01. Halo Vienna(빈)!

다음 날에는 오스트리아의 수도 비엔나로 향하는 일정이 있었다. 그런데 숙취가 심해서, 대학교 1학년 때 뭣 모르고 술 많이 먹었을 때처럼 적극적으로 아무것도 안 하고 싶다는 생각이 다시 한번 강력하게 찾아왔다. 하지만 몇 번의 구토를 통해 가까스로 나아지기도 했다. 유럽에서 이런 숙취는 처음이야! 다행히도 레네가 엄마처럼 정성스럽게 죽 느낌의 음식도 해주고, 따뜻한 차도 주고 약도 챙겨줬다. 너무 감동이었다. 심지어 길을 잃지 않을까 걱정하는 마음으로, 버스터미널까지 갈 수 있는 지름길을 알려주기도 했다. 그렇게 따뜻했던 곳을 떠나 Vienna로 이동했다. Vienna 호스트는 Patrick! Patrick은 일본과

아시아 문화를 좋아했는데 심지어 일본어도 공부하고 있었다. 그의 동생 Benjamin도 관심사가 비슷했는데, 한국에도 와 본 적이 있었다. 서울, 부산을 왔었다는데 역시 삼겹살과 김치가 제일 맛있었다고 했다. 아시아 문화를 좋아해서 그런지 집에 전기밥솥도 있었다. 우리나라는 밥솥이 원룸에도 있지만 유럽에서는 흔치 않은 일이다. 그리고, 신기하게 카레도 할 줄 알았다. 일식 문화에 카레가 있어서 그런 것 같은데 오랜만에 카레를 아주 맛있게 먹었다. 이 형제들은 3일 뒤에 시험이 있어서 나와 함께 여행은 못 하지만 편하게 있다가 가라고 많이 배려해주었다. 참 든든한 친구들이다.

참 감사하게도 나는 카우치 서핑과 음악 여행이라는 컨셉으로 좋은

사람들을 많이 만났지만, 카우치 서핑 여행이 낭만만 있지는 않았다. 가끔은 내가 카우치 서핑 때문에 핸드폰의 노예가 된 것 같은 느낌이 들때도 있었다. 다음 숙소가 정해지지 않았다는 불안감도 항상 조금씩은 있었고, 카우치 서핑 앱의 알림 로고만 떠도 놀라서 허겁지겁 들어가 보는 행위들을 반복하기도 했다. 그럼에도 불구하고 새로운 상황, 돌발 상황에서 생기는 에피소드, 즐거움들은 돌아보면 큰 추억으로 남겨졌다. 신기한 하루하루가 차곡차곡 쌓여가는 느낌이 참 감사했다.

02. 음악의 도시 빈에서 버스킹 사전답사까지!

모차르트의 고향, 음악의 도시 빈에 왔으니 버스킹을 제대로 해볼 자리도 찾아봐야겠다는 생각으로 비가 오는 날이지만 무작정 밖으로 향했다. 총 다섯 군데를 둘러봤는데 돌아다니면서 들은 생각은 '이렇게까지 하다니 진짜 독한 놈이구나 너?'였다. 이런 나의 추진력, 실행력이 지금의 도전하는 나를 만들어주지 않았나 생각한다.

먼저 Schoenbrunn Palace 공원으로 갔다. 진짜 전망 좋고 뻥 뚫려 있어서 가슴이 탁 트이는 느낌이었다. 좋아하던 Coldplay 노래까지 함께 들으니 너무 좋았다. 이곳에서는 6월마다 필하모니 공연이 열리는데 약 14만 명이 모여서 그 공연을 감상한다고 한다. 진짜 장관일 것 같은 그림이 머릿속에 그려지기도 했다.

그다음은 Naschmarkt, 이곳은 딱 봐도 완전 관광지 같은 시장이었다. 길거리를 지나가면 다들 니하오, 곤니찌와 하는데 왠지 기분이 나빴다. 그래서 대꾸도 안 했다. 소소하게 맛있는 케밥 집을 찾아서 값싸게 끼니를 해결할 수 있었던 점은 기분 좋았다.

다음 목적지는 Karlsplatz였다. 한마디로 광장인데 내가 도착하자마자 비가 미친 듯이 쏟아졌다. 소나기는 30분간 지나갈 생각을 안 했다.

소름 돋는 전경 Schoenbrunn Palace 공원

그러다가 거짓말처럼 비가 그치기도 했다. 참 유럽 날씨는 이렇게 변덕
이 심했다. 약간 오는 부슬비여도 그냥 맞으면서 다시 답사를 시작했다.
마음에 드는 장소를 찰칵! 그 이후에 Stad 공원, Stauss 동상, 근처에
있는 다리도 가보았는데 Karlsplatz가 내가 가진 조건에 가장 잘 맞는
곳 같았다. 울림이 잘 만들어질 수 있는 실내공간, 사람들 유동도 많고,
약간 은은한 조명까지 완벽한 조건이었다.

Karlsplatz에서 아주 적절한 버스킹 장소를 찾았다!

그렇게 답사를 마친 뒤에 시내를 돌아다녔다. 모차르트 복장의 학생
들도 있었고 성당들도 많았다. 평소에는 성당을 별로 안 다녔는데 유럽
여행하면서 원 없이 갔다. 약간 이기적이게도(?) 나의 안전한 여행을 기
도하곤 했다. 지금 생각해보면 귀엽기도 하다.

집으로 돌아와서는 한식을 대접하기 위한 준비를 했다. 아시아 마켓
에 가서 볶음밥 재료들과 비빔면까지 구해왔다. 삼합 음식을 해줘야겠
다고 생각했다. 샐러드까지! 볶음밥과 비빔면 위에 김자반을 뿌려 먹으

면 말 그대로 환상이다. 김자반 만드신 분께 대통령상을 드리고 싶다.
역시, 형제들은 동양 음식을 다 좋아해서 그런지 엄청 맛있게 먹어줬다.
너무 고마웠다!

한식하는 밤톨이

볶음밥, 비빔면, 샐러드 삼합

03. 이건 분명 하늘이 도와주는 걸 거야!

기타 가방 위에 올려놨던 공연 안내 팻말

저는 한국에서 온 관광객이에요. 저는 당신을 웃게 만들고 싶어서 이곳에 서 있어요. 당신이 행복했다면 저에게 미소와 팁을 주세요!

오스트리아에서의 마지막 날엔, 시험을 봐야 하는 Patrick & Benjamin 형제 집에서 떠나, 저렴한 호스텔에 자리를 잡았다. 일단, 체크인도 시간이 좀 남아 있어서 빠르게 공연하기 위해 기타만 가지고 어제 봐둔 곳으로 향했다. Karlsplatz의 다리 밑에 있는 공간으로 갔다. 너무나 다행히도 다른 버스킹하는 분들이 없었다. 바로 기타 가방을 펴 놓고 내 안내 팻말도 함께 놓았다. 'Shape Of My Heart - Sting' 노래를 시작하자마자 지나가던 사람이 가던 길을 붙잡고는 내 노래에 집중해 주셨다. 그리고, 엄마와 손을 잡고 걸어가던 꼬마들이 'I'm Yours' 노래에 맞추어 춤도 춰주고 고사리 같은 손으로 팁도 주는 모습이 너무 귀엽고 아름다웠다. 나도 모르게 같이 춤도 추고 그 상황에 빠졌다. 그렇게 많은 분이 하나, 둘 관심을 가져주시다 보니 어느 순간 €10^{₩13,000}

정도가 수북이 쌓였다. 그리 많은 돈이 아니라고 볼 수도 있지만, 나는 동전의 수가 사람들의 마음이라는 생각이 들었다. 참 많은 마음을 받았구나! 너무나 감사한 순간이었다. 이제는 돈을 바라고 하는 공연이 아닌 정말 사람들을 즐겁게 하기 위한 공연을 할 수 있게 되었다는 생각이 들었다.

공연을 끝내고 저녁에는 오페라 하우스 공연을 보기 위해 부랴부랴 달려갔다. 굉장히 저렴하게 예약했던 터라 나름의 기대를 하고 갔다. 근데 두둔! 여기가 아니라 Volkaper라는 오페라 하우스였다. 내가 온 곳은 Staatsoper인데 여기서 꽤 멀었다. 택시를 타도 제 시간에 도착하기 어려운 곳이었고, 배보다 배꼽이 더 커지는 상황이 온 것이다. 그래서 과감히 포기하고, Staatsoper 오페라 하우스에 다시 들어갔다. 매표소에서 그래도 저렴한 티켓이 없는지 물어봤지만 대부분 €50 ^{W67,000} 이상이었다. 그렇게 포기하고 집으로 돌아가려던 찰나에! 정장을 아주 말끔하게 차려입은 잘생긴 남자가 나한테 말을 걸어왔다.

"혹시, 티켓 못 구했어요?"

"네… 제가 산 티켓은 여기가 아니라 Volkaper라는 곳이라네요. (시무룩)"

"아 그래요? 혹시 그럼 이 티켓 사실래요?"

"네? (의심의 눈초리로) 무슨 말씀이시죠?"

"(남자의 가족들이 등장하며) 저희가 티켓을 샀는데 이게 두 개가 더 딸려 왔더라고요. 매표소에서 잘못 결제했나 봐요. 실례가 안 된다면 싸게 드릴 테니 사실래요?"

"오, 그래요? (가족이 등장해서 안심함) 그럼 얼마에 가능하신데요? 저는 무전여행 중이라 돈이 별로 없어요."

"이거 원래 가격이 €72^{₩97,000}인데, 원하는 가격을 말해주세요."

"그럼 €10^{₩13,000}요?"

"좋아요. 그럽시다. 공연 잘 보세요."

"네, 진짜요? 정말 감사합니다."

감격의 티켓

운 좋게도 아주 저렴하게 공연을
볼 수 있게 되었다. 너무나도 감사
한 시간이었다. 처음 본 오페라인데
굉장히 웅장하고, 정숙한 연극 느낌
이었다. 피가로의 결혼이라는 제목
의 연극이었는데 노래와 연극이 혼
합된 버전이고, 어떻게 보면 옛날 사람들이 드라마처럼 볼 수 있는 장
르가 아니었을까 하는 생각이 들었다. 다만 오페라를 볼 때는 편안하
기보다는 다소 경직된 상태로 봐야 했다. 사람들이 조금만 움직여도 잘
안 보이니 컴플레인을 걸었다. 그래도 이런 문화를 경험할 수 있다는 것
만으로도 아름다운 마지막 오스트리아의 밤이었다.

오페라 좌석에 앉아서 『감격의 순간』

BOARDINGPASS

〰〰〰〰〰〰〰〰〰〰〰〰〰〰〰

FROM **AUSTRIA**

TO **ITALY**

FLIGHT **SUNBEEBOOKS**
OPTION **SONGINEER CLASS**
NAME **GENIUS**

NO.11
이탈리아

베네치아

01. 물의 도시 베네치아로!

오스트리아 기차역에서

오스트리아에서 베네치아로 향하는 길은 너무나도 아름다웠다. 이렇게 아름다운 기차역은 생전 처음 봤다. 알프스산맥이 보이고, 무척이나 푸르른 하늘, 이국적인 사람들이 돌아다니는 모습 등, 모든 것이 완벽한 유럽의 모습이었다. 베네치아의 호스트는 '안나'라는 이태리 여자아이였다. 한국 문화를 엄청 좋아하고, 한국어까지 전공하고 있었다. 안나가 지내는 Flat에 도착해서 Flatmate들과 인사를 하고, 밖으로 나와서 맛있는 칵테일을 먹기도 했다. 그런데, 안나는 뭐랄까, 한국 남자친구를 사귀기 위해 나를 Accept 한 것 같았다. 약간 두렵기도 했다. "결혼하고 싶다." "남자친구 사귀고 싶어."라고 대놓고 얘기하는데 너무 무서웠다.

이곳에서 어디 다른 곳을 갈 수는 없었기에 그냥 적당히 웃으며 무마시켰다. 그래도, 친절하게 베네치아 가이드를 해주기도 하고, 밥도 해줘서 참 개인주의가 만연한 유럽에서 보기 드문 일이라는 생각이 들었다.

Historical Centre에서 가이드를 시작했다. 날씨가 엄청 좋아서 구경하기에 너무 좋았다. 푸르른 하늘, 비도 안 오고 최고였다. 베네치아에 이런 날씨는 많지 않다고 했다. 아무래도 운은 타고난 것 같다. 사실 며칠 전까지만 해도 비가 많이 와서 장화를 신어도 장화

까지 물이 꽉 찼었다고 한다. 대성당도 물이 가득 차서 못 들어가는 게 다반사였다고 한다. 역시 물의 도시 베네치아다! 예전에 단체 관광으로 베네치아에 와본 적이 있어서인지, 곤돌라도 친숙했고 Water Bus도 익숙하게 탈 수 있었다.

가이드가 끝나고 공연할 장소를 물색했다. 가장 유명한 관광지인 Rialto 다리에서도 해볼까 생각했지만 주위 상점 주인분들께 여쭤보니 금지되어 있다고 한다. 특히 유명한 곳은 경찰이 와서 돈을 달라고 할 거라고 했다. 그래서 덜 유명한 길거리에서 하자는 생각으로 이리저리 찾아보다가 30분 정도 공연을 했다. 그러나 너무 긴장하면서 공연을 했

느지 사람들이 쳐다봐 주지 않았다. 참 이런 건 기가 막히게 아는 것 같다. 공연 후에 안나를 다시 만나 젤라또도 먹고, 커피도 마셨다. 그리고 다시 구경하려고 돌아다니다가 '산타마리아벨라'라는 곳에 가자고 해서 수상버스를 탔다. 가는 길에 기타를 들고 있는 분이 있길래 말을 걸었다.

"오, 기타 치시나 봐요!"

"네, 맞아요. 그쪽도 뮤지션이에요?"

"네. 근데 완전 뮤지션은 아니고, 버스킹하면서 여행 중이에요."

"그럼 뮤지션이죠!"

"오, 감사해요. 근데 지금 공연하러 가시는 건가요?"

"네, 맞아요. 어떻게 알았어요?"

"저희도 보러 가도 되나요? 저 노래도 할 수 있어요!"

"그래요? 노래할 수 있다고요? 기타가 아니라?"

"네! 기타랑 노래 둘 다 해요!"

"좋아요. 그럼 한 곡 해도 좋겠는데요?"

그렇게 베네치아 Bar에서 즉흥 공연을 할 수 있게 되었다. 공연을 하다가 중간에 나에게 한 곡을 할 수 있는 기회를 주었다. 30명 정도가 꽉 차 있고, 밖에 있는 사람들까지 공연을 보고 있었는데, 너무나도 긴장되면서도 기쁜 순간이었다. 가장 자신 있던 John Legend의 'All Of Me'를 한국어로 번안해서 불렀다. 반응은 그 어떤 공연들보다 뜨거웠다. 끝나고 나서 돌아가는 순간 어떤 여자아이가 "Your voice is So beautiful!"이라고도 해주고, 기립 박수를 쳐주는 분들도 있었다. 그 순간, 사람들이 웃으면서 박수를 쳐주고, 이야기해줬던 것들, 그 따뜻함,

바다 지역의 약간 습한 느낌까지 생생히 기억에 남아 있다. 공연이 끝나고 같이 사진도 찍고, 행복한 하루를 마무리할 수 있었다.

공연하기 전 Bar에서 준비하는 모습

베네치아 Bar에서 공연 후

여태까지 호스트들은 보통 본인들의 시간을 엄청 할애해가며 Surfer들을 챙기지는 않았다. 나도 나만의 시간이 필요했고 적당한 선에서 같이 놀며 시간을 보냈다. 그런데 이번 호스트는 나와 모든 시간을 함께하려고 하고, 간섭(?)하려는 느낌을 너무 많이 받았다. Flatmate들과 같이 식사하며 이야기를 나눠보니 안나가 좀 불안해하는 것도 많고, 예민하고, 책임감이 강하다는 이야기를 들었다. 어느 정도 이해는 됐으나 사실 좀 많이 부담스러웠다.

그런 이야기하는 것을 엿들은 것인지 안나는 계속 나한테 "미안해요, 괜찮아요? 왜 그래요?"라는 말을 많이 했고, 계속 듣다 보니 좀 지쳤었다. 그래서 나는 쾌활하고 긍정적인 사람을 좋아한다고 간결하게 이야기했다. 그랬더니 "아, 그럼 우리 친구, 친구죠."라고 하며 마음을 정리한 것 같았다. 아무래도 이러한 일들이 베네치아에 도착한 날부터 반복되다 보니 나도 끝맺음을 확실히 해야겠다고 생각했다. 카우치 서핑을 연애 사이트로 생각하고 접근했던 것 같아서 좀 씁쓸했다. 좀 부담스러운 마음도 있어서 호스텔로 옮길까 생각도 들었다. 하지만, 그래도 내가 처음 Request를 보낼 때 한식을 해주겠다고 했던 약속이 있어서 그것까진 마무리해야겠다는 생각이 들었다. 한식 재료 장을 보고, 1시간 정도 들여서 볶음밥을 만들어주었다. Flatmate들과 안나까지 함께 식사했는데 다들 너무 맛있게 먹어줘서 참 기뻤다. 그런데 아이러니하게도, 더 기뻤던 것은 다음날 볼로냐로 떠날 수 있다는 안도감이었다. 안나는 계속 시무룩한 표정으로 있었다. 그래도 어쩌겠는가, 이곳은 연애 사이트가 아니고 여행 사이트인 것을…. 스스로 이겨내기를 바랄 뿐이다.

볼로냐

01. 이곳이 파라다이스

베네치아에서 탈출하듯이 볼로냐로 헐레벌떡 넘어갔다. 여행 중에 이렇게 중압감에 짓눌려보긴 처음이었는데, 그 공간에서 나오자마자 엄청난 해방감을 느꼈다. 볼로냐에 도착해서 만난 새로운 호스트 Matteo! 집에 도착하니 같이 사는 Flatmate 여자 친구들도 2명 있었다. 인사하니 나에게 담배 연기로 인사했다. 오우 장난 아닌데? 바로 나와서 볼로냐 시내를 구경했다. 시내는 정말로 사람들이 가득했다. 버스커들도 흥겹게 바이올린을 켜시는 분부터 드럼을 치는 분들까지 정말 다양하고 볼거리들이 많았다. 그리고 학생들의 도시 볼로냐답게 학생들이 진짜 많았다.

흥 나는 볼로냐의 바이올린 연주

5시쯤에 Matteo를 만나서 같이 맥주를 마시러 갔다. Julia라는 친구도 온다고 했는데 Sisely라는 지역에서 여행 왔다고 한다. 뭔가 유럽은

남녀 간의 관계도 굉장히 Free한 느낌을 많이 받았다. 이날 Matteo가
아는 음식점, Bar들은 예전 도시들에서는 볼 수 없었던 최고의 가성비
좋은 곳들이었다. 예전에 마드리드에서 공연할 때 마셔봤던 스프릿츠
라는 술도 다시 먹어봤는데 엄청 맛있었다. 2차로 Wine Bar를 갔는데
이태리 화덕피자도 같이 먹을 수 있었다. 진짜, 해방감을 느끼는 동시에
엄청 천국을 맛본 것 같아서 굉장히 행복한 하루였다.

마테오와 한 컷

02. New Jersy 오케스트라를 이곳에서?

늦잠을 자고, 가벼운 마음으로 집을 나섰다. Julia도 함께
Matteo는 계속 이곳저곳 역사 관련된 곳을 알려줬다. 정말 신났다! 대
학교인데 역사가 너무 오래돼서 이것마저도 역사의 한 부분이 되어버
린 도시 볼로냐, 정말 좋다! 이런저런 이야기를 들으면서 근처 공원을
둘러보다가 점심시간이 다 되었다. 샌드위치로 점심을 먹었는데, 보통
샌드위치가 아니었다. Matteo가 소개해준 단골집이었는데, 빵, 치즈,
고기 등 자기가 먹고 싶은 것을 골라서 먹을 수 있었다. 한 마디로 서브

웨이 같은 곳이었는데 건강한 식자재 위주로 되어 있었고, 값이 엄청 쌌다. 크고 양이 많았는데도 €3.5^{W4,700}밖에 안 들었다. 평소였으면 €7^{W9,500} 정도의 가격이 들었을 것이다. 그렇게 같이 맛있게 점심을 먹고 다들 각자 일정들이 있어서 헤어졌다. 역시, 여행은 자유롭게 자기만의 시간이 있어야 한다. 이렇게 보면 나는 어르신들이 하시는 단체 관광은 재미없어서 못 할 것 같다. 나이 들어서도 배낭여행 가는 저력을 보여야겠다.

　점심 식사 후에는 전날 잠깐 봤던 Two Tops를 올라가 보고 싶었다. 그중에 큰 탑에 올랐는데 생각보다 층수가 되게 높았다. 다들 헥헥거리면서 올라가는데 뭔가 동질감이 들면서도 서로가 짠했다. 운동 열심히 해야겠다는 생각이 들었다. 힘들게 오른 탑은 정말 보기 좋았다. 경치가 진짜 예술이었다. 붉은색 지붕과 탑, 희뿌옇게 낀 안개는 마치 내가 중세 시대에 와 있는 것 같은 착각을 하게 만들기 충분했다.

Two Tops 정상에 올라서 본 볼로냐 시내 전경

아름다운 탑을 보고 내려와서 오후의 볼로냐 거리를 다시 걷다가 Sanpetronio Basilica라는 성당에 가보았다. 역시 여행 때만 하는 기도를 하기 위해 잠시 앉았는데 누군가가 나에게 다가오며 이렇게 얘기를 해줬다.

"죄송하지만 여기서 나가주셔야 합니다. 리허설이 있을 예정이어서요."

"? 무슨 리허설이요?"

"오늘 저녁 6시에 오케스트라 공연이 있어요. 잠시 나가주셨다가 이따 보러 오세요."

"헐 근데 이거 무료예요?"

"네, 이번에만 특별 공연으로 무료로 열었어요."

"네! 꼭 올게요. 좋은 정보 알려주셔서 감사해요!"

"See you soon!"

역시 이런 게 진짜 여행의 묘미가 아닐까? 이때 이후로, 여행할 때 즉흥으로 당기는 장소나 먹거리가 있으면 그냥 가는 습관이 생겼다. 이런 낯선 설렘은 계획한 여행과는 차원이 다른 즐거움을 주기 때문이다. 오히려 더 극적인 재미를 준다.

6시 전에 도착해서 자리를 잡았는데 사람이 많진 않았다. 이 오케스트라는 미국 New Jersey에서 왔는데 오케스트라 자체가 엄청 컸다. 여러 팀이 다양한 공연을 했는데 이것을 무료로 봐도 되나 싶을 정도로 엄청나게 고퀄리티 공연이었다. 심지어 성당에서 공연을 해서 더 웅장한 느낌을 극적으로 느낄 수 있었다. 그리고 내 옆자리에 앉아있던 아저씨가 공연하러 나가길래 되게 신기했는데 알고 보니 Paolo Marzocchi라는 엄청 유명한 Maestro였다. 이럴 줄 알았으면 미리 사진이라도 찍어놓을걸…. 안 찍은 게 후회된다. 하지만, 이런 좋은 경험을 할 수 있다는 것만으로도 너무나 감사했다.

집에 돌아오니 Matteo가 음식을 해줬다. 감자 요리였는데 생각보다 입에 너무 잘 맞아서 맥주와 곁들여 먹었다. 그러면서 룸메이트들에게 노래를 불러줬는데 Creep 노래가 너무 좋다고 자기가 부르고 싶다고 하는 친구도 있었다. 그렇게 흥 나는 저녁 시간을 보낼 수 있어서 재밌었다. Matteo 빼고는 다들 영어를 잘 못 해서 말은 잘 안 통했지만 바디랭귀지와 음악이라는 언어로 잘 소통할 수 있었다.

03. 볼로냐에서 Party Tonight

Matteo와 Flatmate들에게도 한식을 해주기로 했다. 아침에 잠깐 주요 관광지를 보고 와서는 바로 한식 준비를 위해 장을 봤다. 이참에 내 한식 보따리를 보충하기로 했다. 고추장, 참기름, 김자반 등등! 한식 보따리가 충전되니 뭔가 내 자신감도 올라가는 기분이 절로 들었다.

이번에는 고추장 파스타와 볶음밥을 해주기로 했다. 고추장 파스타라고 하면 무슨 소리인가 싶겠지만… 고향의 맛이 그리울 때마다 파스타 면에 고추장, 각종 야채를 같이 볶아서 계란후라이까지 딱 올려 먹으면 엄마의 맛이 절로 났었다. 그렇게 나의 향수병을 달랬다. 그리고, 볶음밥은 이미 많은 검증된 후기들이 많으니 더 이상 설명하지 않아도 될 것 같다. Matteo가 볶음밥을 할 때 야채 손질을 도와줘서 아주 수월하게 만들 수 있었다. 역시 둘이서 만드니 더 빠르다! 뭔가 Matteo와는 뭘 해도 쿵짝이 잘 맞을 것 같은 느낌이었다. 룸메이트들에게 밥을 차려주니 너무 맛있다고 진짜 허겁지겁 먹어서 천천히 먹으라고 할 정도였다. 역시나 아빠 미소가 절로 나왔다. 유럽사람들이 매운 것을 잘 못먹는 줄 알았는데 볶음밥에 고추장도 뿌려 먹을 정도로 좋아하는 이태리 친구들도 있다는 것을 이 여행을 통해서 처음 알았다. 맛있게 먹더니 설거지는 우리 책임이라며 푹 쉬라고 해주는데 참 고마웠다.

휴식을 취한 뒤엔 Centre^{시내}로 버스킹을 하러 나섰다. 볼로냐에는 Arch 형으로 도보 위에 비가림막처럼 되어 있는 건물들이 많아서 내가 가진 장비와 목소리로 공연하기에 안성맞춤이었다. 시장으로 가는 골목 쪽에 나지막이 자리 잡고 버스킹을 시작했다. 'Creep - Radiohead', 'Now And Forever - Richard Marx', 'Just The Way You Are - Bruno Mars' 등 팝송 위주로 노래를 불러봤다. 화요일 오후 치고는 반응이 꽤 좋았다. 이제 여행 막바지가 되어가니 완벽하게 적응이 되었는지 사람들과 즐기는 무대가 매우 편해졌다. 그리고, 울림도 좋다 보니 같이 내 노래에 맞춰 춤춰 주시는 아저씨들도 계셨고 아이들도 있었다. 아저씨를 춤추게 하다니, 스스로 감격스러웠다. 이번 공연으로 €6^{₩8,000}를 추가로 벌었다.

볼로냐에서 친구들과 신나게 Party tonight!

저녁에는 Matteo의 진짜 친한 친구의 생일파티가 있었다. Matteo
가 몰래카메라를 하는데 너무 웃겼다. 갑자기 친한 친구가 아프다며
생일인 친구를 데리고 어디론가 갔다. 나는 다른 룸메이트들과 미리 생
일파티 하는 장소로 가서 음식 세팅을 준비했다. 다들 장난꾸러기처럼
생겨서 노래부터 한국 문화, 정치, 북한에 관한 이야기까지, 나에 관한
관심이 폭발했다. 영어를 못해 대화가 좀 어렵긴 했지만, 영어를 못하는
것이 아니라 안 한다고 말을 하는 당당한 모습이 내게는 신선한 충격이
었다. 아, 영어를 필수로 생각하지 않는구나!

결국, 친구가 아프다고 굳게 믿고 있던 생일 주인공은 우리가 세팅
해놓은 곳으로 오더니 안도의 한숨을 내쉬었다. 다들 깔깔깔 한바탕 웃
고, 같이 박수도 쳐주면서 생일을 축하해줬다. 나도 생일 축하 노래 기
타 반주를 쳐주기도 했다. 다들 서프라이즈 파티에 진심이었다. 함께 너
무나도 즐거운 시간을 보낸 것 같아 뿌듯했다.

01. 비 오는 피렌체 반가워!

정들었던 Matteo의 집을 떠나 피렌체로 향하는 날이 다가왔다. Matteo뿐만 아니라 친구들한테도 정이 들어버렸는지 떠나는 발걸음이 이전과 다르게 너무 무거웠다. 너무 아쉬워서 안 되겠다고 하니 그럼 볼로냐 소스로 스파게티라도 만들어 먹으라는 Matteo의 말에 빵터져서 알겠다고 했다. 그래서 한국에 돌아와서도 종종 볼로냐 소스로 스파게티를 해먹을 때면 그때 생각이 나곤 한다.

비 오는 날 피렌체의 저녁 야경

피렌체역에 도착하니 나의 호스트 Nicolas가 그의 애완견 Spina와 함께 나를 기다려 주고 있었다. 처음 봤지만 자주 본 사람처럼 나를 많

이 반겨줬다. 너무 고마웠다. 오늘 그
의 집에 다른 친구들도 온다고 해서
볶음밥을 해줄 장을 봤다. 그러고 나
서 비가 오긴 했지만 피렌체의 멋있
는 장소들을 보여준다고 했다. 비가
오는 피렌체의 밤도 굉장히 운치 있
고 예쁘다는 것을 그때 처음 알았다.
큰 성당과 베끼오 다리를 보며 역사
이야기도 들을 수 있었다. 2차 세계
대전 때 무솔리니가 탄핵당하고 그
들만의 대통령을 뽑고 나서는 미국

의 편으로 바뀌었지만 나치군이 진군해 오면서 강을 사이에 두고 나치
Vs 미군의 대치 상황이 있었다고 한다. 그때 당시 베끼오 다리 빼고는
모조리 파괴되었다고 한다. 나치군도 베끼오 다리가 아름다워서 파
괴하지 않았다는 이야기가 전해온다고 하는데 참 다행이라고 생각했
다.

집에 돌아와서 볶음밥을 만들고 있다 보니 Nicolas의 친구들이 도
착했다. Melisa와 그녀의 남친 Juan! 그들은 관광 Guide 코스를 공부
하고 있었다. 아무래도 전문적인 관광 도시이다 보니 이런 교육 코스가
있는 것 같았다. 밥도 만들어주고 노래도 불러주니 내일 자기가 일하는
박물관 티켓을 무료로 주겠다고 꼭 연락하라고도 했다. 너무나도 감사
한 일 아닌가? 나의 재능을 주고 나도 도움을 받고! 이런 일들이 계속
이어져 갈 수 있도록 노래를 해야겠다고 생각했다.

02. 피렌체에서 춤을

아침에 비가 오길래 버스킹을 포기한 채 기타를 안 들고나왔다. 그런데, 조그만 성당에서 기도를 잠깐 하고 나오니 해가 쨍쨍했다. 아니 이건 뭐지? 심지어 덥기까지 했다. 유럽 날씨는 진짜 알다가도 모를 일이다. 이날의 목적지는 미켈란젤로 언덕이었지만 방향만 잡은 채로 이곳저곳 자유롭게 돌아다녀 보고 싶었다. 그렇게 걷다 보니 사람들이 사는 곳, 자연, 따사로운 햇볕 등 더 많은 것을 느낄 수 있었다. 그리고 어느새 미켈란젤로 광장에 도착했다. 아침까지 비가 와서 그런지, 그 이후의 날씨는 정말 너무나도 예쁘게 반짝였다. 이런 풍경은 정말 오랜만이었다. 그리고 정말 신기하게도 사람들은 와인을 들고 이 언덕을 올랐다. 우리나라는 아저씨들이 소주팩 들고 올라오고, 젊은 사람들은 그나마 맥주 정도인데 와인은 진짜 신선했다. 한국에 돌아가면 나도 해봐야겠다는 생각이 들었다. 높은 곳에 올랐을 때의 성취감을 좀 더 고급스럽게 만들어주는 것 같았다.

미켈란젤로 광장에서 절경을 맞이하고 어제 만난 Melisa가 일하는 Santa Maria Novella에 공짜로 입장할 수 있었다. 너무나도 고마웠다. Melisa와 Juan은 여기서 일을 해서 잠깐 나에게 가이드까지 해준다고 했다. 우선 단어의 뜻부터 설명을 해줬는데 Novella는 New라는 뜻이었다. 그리고 성당 안의 구석구석을 알려줬는데 Firenze의 옛날 모습들이 그림과 함께 있었다. 성당의 어두운 느낌과 금장 무늬, 최후의 만찬을 그린 것만 같은 제대 쪽의 벽화들이 내 눈앞에서 반짝였다. 과거의 흔적들이 이렇게 살아 숨 쉬는 모습이 참 대단하다고 느껴졌다. Melisa는 이러한 문화재들과 역사가 잘 보존된 것에 감사함을 느끼고 있고 그것을 더 잘 가꿔 갈 수 있게 도움이 되는 사람이 되고 싶다고 이야기하는데, 참 감동적이었다. '나는 우리나라 문화재와 역사에 얼마나 생각을 하고 있을까?' 생각이 드는 시간이었다.

Track #13 : 이탈리아

박물관을 나와서는 길거리를 이리저리 정처 없이 걸었는데 너무 멋지게 버스킹을 하는 커플이 보였다. 남자분이 기타를 치고 여자분이 노래하는데 뭔가 한도 느껴지면서 아름다운 목소리가 온 도시를 감싸는 듯한 느낌을 받았다. 그래서 없는 돈이지만 성의를 표했다. 그렇게 피렌체에서의 마지막 하루를 마쳤다.

멋진 커플의 버스킹 무대 『Feat. GUESS』

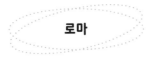

로마

01. 고진감래 로마의 첫날

로마에서의 숙박은 굉장히 기대가 컸었다. 여행기 이벤트로 에어비엔비에서 바우처 쿠폰이 당첨되어 나름 좋은 숙소를 선택했었다. 피렌체에서 3시간에 걸쳐 로마에 도착하니 방은 진짜 VIP급 숙소였다. 테라스도 있었다. 그런데 엄청난 문제가 있었다. Wifi가 안된다는 점이다. 그런 공지사항은 없지 않냐고 물었더니 사실 오늘뿐만 아니라 이번 주 내내 안 된다고 했다. 그래서, 조금 화가 났었다. 손님 대응을 이렇게 해도 되는 것인가? 왜 미리 이야기하지 않았느냐고 따져보았지만 소용이 없었다.

무책임한 태도에 화가 나긴 했지만 '뭐 어쩔 수 없지'라고 생각하며 버스킹을 하러 떠났다. 로마에서는 버스킹을 해보고 싶었던 곳이 있었다. 콜로세움! 그 근처에는 공원이 잘 조성이 되어있어서 맥주나 와인을 마시면서 노는 사람들이 굉장히 많을 것이라고 생각했다. 근데 막상 가보니 아니었다. 내가 갔을 당시에는 사람이 별로 없었다. 그래도 굴하지 않고 계속 공연을 하다 보니 옆에 와서 구경하는 커플, 한국 분들, 청년들 다양하게 모였다. 이번 공연은 신기하게도 사람들이 내가 있는 곳 옆으로 와서 맥주 한 잔씩 하면서 듣는 분들이 대다수였다. 보통은 멀찌감치 떨어져서 듣곤 하는데 이번 공연은 서로의 심리적 장벽이 없었던 것 같아서 그런 모습이 너무 아름다워 보였다. 담벼락에 기대어 노래를 한 곡씩 하다 보니 자연스럽게 농담도 주고받고, 신청곡도 받으면서 너무나도 자연스럽게 공연이 흘러갔다. 그리고, 그런 모습을 보던 이태리 청년 셋에서 자기가 가지고 있는 동전이란 동전은 다 모아서 팁을 주는 모습도 너무 웃겼다. 그러지 말라고 그거로 맥주나 사 먹으라고 했지만 "아니, 이건 네거야." 라고 하는데 너무 마음이 따뜻해지는 순간 이었다. Oasis 노래를 부르며 실수를 해도 박수를 쳐주면서 웃어주는 관객들 너무 스윗했다. 잊을 수 없는 순간이었다. 그리고, 한국 분들은 나이가 대부분 서른 즈음이여서 '서른

즈음에' 노래를 꼭 불러달라고 했다. 불러드렸더니 한국에서부터 싸온 소주 팩을 건네줬는데 눈물 날 뻔했다. 이렇 게 도란도란 앉아서 서로 이야기하고 노래 부르고 하는 모습이 너무 좋았다. 그렇게 다 같이 무대를 즐기다가 사진 이라도 한 장 남기자고 해서 모든 사람 이 한데 모여 사진을 찍기도 했다.

콜로세움 근처에서 공연 후 글로벌 대통합 사진

02. 뻔 & Fun

Wifi가 잘 안되어 맥도날드가 내 집처럼 느껴졌다. 이제 여행 의 막바지이고 매일 버스킹만 하는 것은 약간 뻔한 여행 같은 느낌이 들었다. 그래서 카우치 서핑에서 진행하는 이색적인 미팅을 참여해 보 기로 했다. 찾다 보니 이태리 요리 교실이 있었는데 내가 딱 도전해보 고 싶은 미팅이었다. 예약을 하고 비가 오지만 가보고 싶었던 광장을 찾 아 나섰다. 그 광장의 이름은 Piazza Del Popolo다. 역시 주말이고 유 명 관광지여서 그런지 사람이 진짜 많았다. 역시나 Musician들도 있었 다. 혼자서 일렉기타를 치고 있는데 연주가 굉장히 쫀쫀하면서도 파워 가 있어서 비 오는 날 참 듣기 좋았다. 비가 와서 음악을 듣기 더 좋았던 것 같기도 하다. 반대편으로 가보니 마이클 잭슨을 춤을 추고 있는 버 스커도 있었다. 역시 마이클 잭슨은 어디에서나 영웅인 것 같다. 그렇게

즐겁게 눈요기를 한 뒤에 요리 클래스로 발길을 옮겼다.

비 오는 날의 일렉기타 공연 『형 멋져!』

처음에는 직접 음식을 만들면서 체험하는 요리 클래스인줄 알았는데 알고 보니 호스트가 어떻게 이 음식을 만드는지 같이 보면서 이야기를 나눴고 풀코스로 대접해주는 체험이었다. 오히려 좋은 것 같기도 했다. 이 클래스는 러시아에서 온 소녀 나스티아와 폴란드에서 온 커플과 함께했다. 시작은 스파클링물, 화이트 와인, 올리브유와 토마토 & 허브를 곁들인 빵을 시작으로 허브를 곁들인 리조또, 가지 & 치즈 & 특제소스로 만든 요리까지 3set 코스를 볼 수 있었고, 디저트로 치즈 & 꿀, 티라미슈까지 엄청나게 풍성하게 먹을 수 있었다. 호스트분이 엄청 개구쟁이여서 너무나도 자연스럽게 분위기를 잘 이끌어주었다. 같이 맛있는 것을 먹으면서 서로에 대한 문화도 이야기 나눴는데 러시아 날씨가 가장 궁금했었다. 나스티아는 모스크바에 산다고 했는데 거기는 한여름이 없을 정도로 춥다고 한다. 진짜 한겨울에는 몸의 절반 이상까지 눈이 와서 돌아다닐 수 없는 날들이 많아 지금 이태리에 있는 것이 너무 행복하다고 돌아가기 싫다고 하기도 했다. 그런 모습이 귀엽기도 하고 웃기기도 했다. 이렇게 뻔할 뻔했던 하루가 Fun하게 끝날 수 있어서 참 행복한 날이었다.

03. 나 홀로 로마 투어

　　로마에 온 이상 유적지들은 한 번쯤 봐줘야지! 팔라티노 언덕, 콜로세움, 포로로마노를 한 번에 패키지로 볼 수 있는 입장권으로 관광을 시작했다. 예전에 단체 관광으로 콜로세움에 왔을 때는 빠르게 휙휙 중요 부분만 보고 사진 찍느라 바빠서 분위기를 잘 못 느꼈었는데, 이번에는 그때와 다르게 나 홀로 느긋하게 콜로세움 전체를 천천히 감상했다. 난간에 기대어서 옛날 검투사들의 싸우는 모습, 사람들이 소리 지르며 응원하는 모습을 생각해봤다. 글래디에이터라는 영화를 보고 나서 더 그런 생각이 많이 든 것 같기도 하다. 콜로세움 관중석들이 대부분 파손되고 없어진 것들을 보면서 세월의 무서움과 이 건축물을 지켜낸 로마인들의 정신에 대한 존경심도 들었다. 팔라티노 언덕은 로마 부유층들이 머물던 곳으로서 거대한 건축물들을 많이 볼 수 있었다. 목욕탕도 있었다니 '참 어찌 보면 우리와 비슷한 정서를 가진 나라가 아니었을까?'라는 생각도 들었다. 포로로마노에서는 예전에 챙겨온 가이드북을 읽으면서 하나씩 유적지를 보다 보니 시간이 금방 흘렀다. 가장 기억에 남았던 곳은 꽁꼬르디아 신전과 베스타 신전인데 꽁꼬르디아는 SPQR이라는 단어 _{로마의 원로원과 국민}를 낳은 곳이고, 평민도 집정관이 될 수 있게 만든 그런 의미가 있는 곳이었다. 베스타 신전은 로마 천년 시대 동안 불이 꺼진 적이 없는 곳이었다. 괄목할 만한 점은 처녀들이 제사를 주관했었다는 것인데, 지위가 상당히 높았으나 순결을 잃으면 생매장을 당하는 엄청 극단적인 제도가 있었다고 한다. 지금은 이해가 안 되지만, 그런 역사가 있었다는 것이 참 신기한 로마 세상이었다.

로마 유적지 콜로세움

　로마 투어를 마치고 버스킹을 즐기러 자리를 옮겼다. 전날 방문한 Popolo 광장을 가보았지만 역시 어제 공연하던 버스커 분들이 자리를 차지하고 있었다. 자리를 옮겨 떼르미니역에서도 시도해 보았으나 다들 퇴근하느라 정신이 없어서인지 반응이 없었다. 역시, 뮤지션이 없는 곳에는 다 이유가 있는 법이다. 사람도 없고 스페인 광장에 가서 맥주나 한잔 마시고 집으로 돌아가야겠다고 생각했다. 그래서 그냥 옆에 있는 사람들에게 즐거움을 주고 싶다는 마음으로, 계단에 올라 앉아 자연스럽게 기타를 꺼내 들고 노래를 시작했다. 주황색 가로등과 빈티지스러운 스페인 계단에 어울리는 'Falling Slowly^{Once 영화 O.S.T.}'를 첫 곡으로 미니 콘서트를 시작했다. 옆에 있던 뉴욕에서 온 커플에게도 노래를 불러주고, 옆자리에 앉은 한국인들을 위해 한국 노래도 불렀다. 알고 보니 남자 둘은 나와 동갑이었다. 규진이, 가빈이, 그리고 동안인 아람 누나까지! 그렇게 작은 공연을 마치고, 근처 Bar에서 이야기를 나눴다. 그리고 이곳에서 Open Mic 무대가 있다고 해서 다음날 찾아와 봐야겠다고도 이야기하며 하루를 마무리했다.

스페인 계단에서 노래 미니 콘서트 중

로마에서 결국 자린고비 고삐가 풀리고 말았다. 바티칸 한국 가이드까지 신청했다. 이른 시각 약속 장소에 도착해서 사람들과 도란도란 이야기를 나눴다. 그중에서는 나처럼 혼자 가이드를 신청한 태홍이라는 친구가 있었다. 나이도 같고 영어도 잘해서 쿵짝이 잘 맞았다.

이날은 날씨도 좋아서 구경하기에 너무 좋았다. 가이드분의 간단한 가이드 투어 일정을 소개받고 성 베드로 광장부터 구경을 시작했다. 성당에 있는 모자이크와 조각들을 보며 감탄했다. 조각계의 꽃 피에타를 볼 때는 감회가 정말 새로웠다. 미켈란젤로가 20대 초에 만든 이 예술품으로 한 땀 한 땀 디테일한 조각의 혼이 느껴져서 현대미술로도 따라가기 어렵겠다는 생각이 들었다. 그리고 성당 안에 있는 방들조차도 금으로 되어 있는 곳곳들 모든 것이 참 새롭게 느껴졌다. 예전에는 전문 해설가가 아닌 여행사 직원으로부터 일반적인 설명을 들었다면, 이번에는 각 전시물의 역사와 숨겨진 뒷이야기, 우리나라 역사와의 비교를 통해서 차원이 다른 해설을 경험할 수 있었다.

오랜 천주교 신자이신 할머니와 부모님의 묵주를 사드리기 위해 기념품 가게에도 들렀는데, 그곳에 한국 수녀님이 계셔서 매우 반가웠다. 거기서 Rose rosary라는 장미 묵주를 샀다. 기념품을 산 뒤엔 작품 설명을 듣기 위해 근처 Cafe에 다시 모였다. 1시간 넘게 박물관에 있는 작품 설명과 비하인드 스토리를 들었다. 천장화와 최후의 심판, 미켈란 젤로의 기구한 삶, 그에 비교되는 창창했던 라파엘로의 삶 등 다양한 스토리들이 녹아 있는 공간이라고 느껴졌다. 이렇게 비하인드 스토리를 듣고 다시 한번 내용들을 보게 되니 르네상스 시대의 분위기를 살아 숨 쉬듯이 느낄 수 있었다. 역사와 함께했을 때 여행의 풍미가 더 살아날 수 있다는 것을 느끼게 해준 좋은 경험이었다.

가이드 투어를 마치고, Open Mic를 위해서 전날 들렸던 Davids Rock Bar에 들렸다. 그곳에는 전날 스페인 계단에서 만났던 규진, 가 빈이도 있었다. 나중에 아람 누나까지 와주었다. 한 번 만난 것뿐인데 이렇게 의리로 와주다니, 너무 고마웠다. 오랜만에 무대에서 제대로 공 연해 볼 수 있다는 생각에 나도 한껏 부풀어 있었다. 내가 첫 공연자여 서 떨리는 마음으로 무대에 올랐다. 가장 자신 있던 'All Of Me', '서 른 즈음에'을 부르고 내려왔는데 사람들이 너무 좋아해줬다. 박수도 많 이 쳐주고 맥주를 사준다는 사람까지 있을 정도였다. 너무나도 감사하 고 복에 겨운 날이었다. 그 이후

에도 공연들이 있어서 구경했다. 그중에는 기타 원맨쇼도 있었는 데 이태리 남자들이 왜 느끼한지 알 것만 같은, 올리브유처럼 느 끼한 공연도 있었다. 공연이 다 끝나고 규진, 가빈이가 "공연 중 에 네가 최고였어."라고 했던 말 이 아직도 귀에 맴도는 것 같다.

이런 좋은 경험들이 나를 음악이라는 공간에 계속 머무르게 할 수 있는 원동력이 아니었을까 싶다.

　　로마를 떠나기 전날, 교황님을 볼 수 있다는 이야기를 태홍이에게 전해 들었다. 그래서 아침부터 부지런히 바티칸으로 발길을 옮겼다. 비가 오락가락하는 궂은 날씨에도 우리는 바티칸 성지의 성 베드로 광장에 들어섰다. 아침 7시 50분에 들어섰는데도 사람들이 광장을 가득 채우고 있었다. 기다리면서 비가 안 오기를 기도했지만 계속 오다 안 오다를 반복했다. 정말 귀찮았다. 우비를 꼭 챙겨와야만 하는 날씨였다. 그렇게 생각하는 순간 스크린에 교황님이 모습을 나타내셨다. 실내에서 인사를 나누고 계셨다. 9시가 다 되어서 밖으로 나오셨는데 카트(?) 같이 생긴 차를 타시고는 광장 인파를 한 바퀴 도셨다. 그리고 아이들이 있으면 꼭 멈추셔서 축성해주시는 모습이 참 인상 깊었다. 그렇게 오전 일정을 끝내고 짐을 정리하러 집으로 돌아와서 휴식을 취했다.

　　꿀맛 같은 낮잠을 잔 뒤, 저녁에는 태홍이를 만나서 로마 카우치 서핑 미팅에 참석했다. 태홍이와 이야기를 더 나누다 보니 고등학교 시절을 캐나다에서 보냈다고 한다. 역시 영어를 잘하는 이유가 있었구나!

그리고, 그곳에서 만난 마틸다라는 누나가 있는데 NGO 단체에서 노인 분들을 돕는 일을 하기 위해 이곳으로 왔다는 점이 너무 멋있었다. 분

위기가 한창 달아올랐을 때 태홍이가 먼저 내 여행 이야기를 해주었고 자연스럽게 노래를 부르게 되었다. 태홍이가 장난쳐서 한국에 유명한 가수라고 하기도 했다. 이름은 장범준이라고 하하하! 잠깐 동안 사람들이 혼란스러워하며 사인을 받아야 한다고 할 정도였다. 다행히 장난이라고 하며 끝내긴 했는데 못 미더워하는 눈치들도 있었다. 이런 장난을 칠 수도 있다는 것이 너무 즐거웠다. 마지막 여행 날 좋은 친구를 만나서 즐겁게 마무리할 수 있었던 것 같다.

로마 공항에서
마지막 비행기를 기다리며

06. Come Back Home

한국으로 돌아가는 날은 시원섭섭한 감정이 나를 사로잡았다. 영어도 잘 못하고, 아는 친구들도 몇 없었지만 이 여행의 순간을 무수히 많은 시간 꿈꾸고 차근차근 준비해서 이뤄낸 나 자신에게 큰 박수를 쳐주고 싶었다. 여행이 끝나고 내가 지나온 흔적들을 반추해보며, 나는 참 행복한 사람이구나, 이렇게까지 성장할 수 있는 포텐셜이 있었구나 생각했다. 부모님께 카카오톡으로 마지막 비행기를 탄다는 연락을 드리고 비행기에 오르는 순간 아쉽기도 했지만, 또 한국에서 펼쳐질 나의 미래에 대한 설렘으로 새로운 여행을 떠나는 기분이 들었다. 예전에는 옆에 앉아 있는 사람 혹은 지나가는 사람에게 말을 걸기도 어려운 사람이었는데 이제는 벤치 옆에 앉아 노래를 불러줄 수 있을 정도로 친화력이 좋아지고 사람에게 행복이란 감정을 전달할 수 있는 뮤지션이 되어있었다. 한국에 돌아와서도 버스킹은 꾸준히 해야겠다는 생각이 가득했다.

그리고, 나도 이곳에서 많은 친구들에게 받은 만큼 꼭 보답해야겠다

는 생각이 들었다. 실제로 작은 원룸에서도 카우치 서핑을 하기도 했었다. 그러면서 내가 만났던 호스트를 내가 호스트가 돼서 재워주기도 하고, 한국에 처음 와서 아무것도 모르는 친구에게 유심카드를 사는 것부터 교통카드를 만드는 것까지 도와주며 모르는 사람에게도 베풀 수 있는 마음도 갖게 되었다. 참, 단순했던 여행이 나에겐 인생을 완전히 뒤바꿀 만한 큰 선물을 가져다준 것 같아 너무나도 감사하다. 이 여행을 꿈꾸게 해준 군대 선임 도경이부터 나의 여행을 도와준 모든 인연들, 또 모든 일을 믿어주시고 지원해주신 부모님에게도 감사하다. 마지막으로, 항상 여행하면서 성당에 들리면 기도했던 것처럼 무사히 여행을 마칠 수 있어서 더 감사하다.

에필로그

그래서 얻은 게 뭐야?

♫ 첫 번째, 음악을 주업으로 삼지 않겠다.

여행을 떠났을 때 나의 목표는 '내가 뮤지션으로서 성공할 수 있을까?'라는 질문에 답을 얻고 싶은 부분이 가장 컸다. 나의 성공 가능성을 돈으로 환산할 수는 없겠지만 적어도 150~200만 원 정도는 벌어야지 한국에서 전업 가수 생활을 할 수 있지 않을까 생각했다. 그런데, 버스킹으로 벌었던 돈만 환산해보니 40만 원 정도였다. 나는 결과를 순순히 받아들이기로 했다. 그리고, 여행하면서 '아 나는 아직 공학을 좋아하는구나'라는 생각을 하게 된 계기들이 많았다. 독일 기계 관련 박물관, 미니어처 박물관 등을 다니면서 느꼈던 점, 그리고 많은 외국 공대 친구들, 엔지니어들과 대화하면서 '아 이렇게도 자부심을 갖고 재미있게 일하는 사람들이 있구나!' 등등 공학 쪽의 관심을 자연스럽게 깨달았다.

과거 친척 일가족이 다 모여 있는 곳에서 '나는 음악 할 거예요!'라고 말했다가 엄청 쓴소리를 듣고 울었던 적이 있는데, 그때 그렇게 걱정하셨던 부분들이 자연스럽게 이해되는 과정들이 있었다. 비록 나는 그런 과정을 거쳤지만, 미래 어른이 된 나는 자녀들이나 후배들에게 무턱대고 안 된다고만 할 것이 아니라 이렇게 자연스럽게 스스로 받아들일 수 있는 과정을 만들어주어야겠다는 생각이 들기도 한다.

♬ 두 번째, 어떤 일에도 도전할 수 있는 추진력

여행에서 돌아왔을 때 나는 군대 전역했을 때보다 어떤 일이든 다 해낼 수 있을 것만 같았다. 사람들에게 편하게 말 걸기도 누구보다 쉬웠고, 얼굴에 철판 깔고 도와달라고 하거나 어디를 가더라도 노래를 부를 수 있는 용기를 가지게 된 것 등 너무나도 많은 선물이 내 세포세포에 저장되었다. 덕분에 여행에서 돌아와 음악이 아닌 엔지니어가 되어야겠다는 생각이 들었을 때, 누구보다도 빠르게 적응하고 집중할 수 있었다. 물론, 그 과정에서 다양한 시련과 고통도 따랐지만 지금까지도 이때의 추진력은 몸에 남아 있는 것 같다. 나를 알고 싶어서 '자기 돌아보기 명상'을 시작해서 지속하고 있고, 농기계 회사를 가고 싶어서 아무도 생각지 못한 '귀농귀촌인들을 위한 농기계 실습 과정'에 참여해서 아저씨, 아주머니들과 2박 3일을 지내며 교육을 받기도 하고, 내가 궁금한 부분들이 있을 때마다 책, 유튜브, 블로그 인터뷰 등을 참고하여 메일을 써서 전문가들을 만나기도 했다. 짧은 시간 동안 정말 좋고, 대단한 분들을 많이 만나고 알 수 있게 된 것은 이때의 자양분이 지금껏 나를 잘 받쳐주고 있기 때문이라고 굳게 믿는다.

♬ 세 번째, 엄청난 행운에 대한 감사함

카우치 서핑은 무료다. 그만큼 납치 혹은 성폭행 등의 위험성이 매우 높다. 또 유럽은 관광객 소매치기로 악명이 높은 곳이다. 그런데 여행 기간 동안 다소 트러블은 있었어도 이런 최악의 상황은 단 한 건도 벌어지지 않았다. 또한, 내가 만났던 카우치 서핑 호스트들은 90% 이상 성격들도 너무 좋고, 오픈마인드에 항상 배려심이 넘쳤다. 여행 때도 계속 놀라움의 연속이었지만, 7년이 지난 지금 생각해보아도 너무나도 행운의 연속이었다. 지금도 너무 감사하다.

♬ 네 번째, 전투 영어 능력

여행을 하기 전, 전화영어로 레벨 5 정도였는데 다녀와서 평가해보니 7~8 정도로 올라가 있어서 굉장히 놀라웠다. 여행을 하는 중에도 계속 내가 몰랐던 단어나 친구들이 쓰는 자주 쓰는 문장, 나에게 알려준 문장 등을 정리하고 외우려고 노력하다 보니 어느새 자연스럽게 대화를 하는 내 모습을 마주할 수 있었다. 그때 영어에 대한 벽을 완전히 허물어버린 까닭에 지금 단어를 어느 정도 까먹었어도 모르면 모른다고 하고, 당당하게 대화할 수 있는 자신감을 갖게 된 것 같다. 영어는 진짜 자신감 맞다!

여행을 인생에 활용하는 방법

♬ 첫 번째, 돈 벌려고 마음먹기보다 진심 어린 마음으로 대하라

여행 전, 버스킹 여행 선배인 진호 형이 해줬던 말이 있다. "돈을 벌려고 마음먹고 버스킹하면 절대 돈 못 번다." 돈을 위한 것이 아닌 사람들을 즐겁게 해주기 위해 노래를 불러야 한다는 점이다. 이것은 비단 노래에만 해당하는 내용이 아니라는 생각이 들었다. 지금처럼 책을 쓸 때도 다른 사람에게 진심으로 용기를 주고 대리 만족을 느끼게 하고 싶다는 마음으로 썼을 때 글이 술술 잘 써지는 것처럼 말이다. 이렇게 인간의 본질에 접근해서 생각하는 방향으로 마인드가 바뀌었다. 최고의 마케팅 전략은 고객에게 있다고 하지 않는가? 그 본질을 배운 것 같다.

♬ 두 번째, 자기소개서 단골 주제

이 여행을 통해서 나는 도전 정신에 대한 자기소개서 항목은 모두 해결했다. 나에게는 케케묵은 주제 같지만 누군가에게는 듣도 보도 못한 엄청난 도전이기 때문이다. 3달이나 유럽에서 버스킹 여행을 했다고? 그것도 300만 원으로!? 도전 정신을 강조하는 기업에서 특히나 좋아했던 것 같다.

♬ 세 번째, 유튜브로 이어지는 여행 컨셉

2020년 여름부터 유튜브 채널을 운영했다. 하지만 1년이 넘게 반응은 차가웠다. 그래서 2021년 8월부터는 컨셉을 전면 수정했다. 유럽 여행 때의 기분을 살려 외국인들에게 랜덤으로 노래를 불러주는 콘텐츠를 시도했다. 사실, 영어를 안 한 지 너무 오래돼서 '잘 못하는게 들키면 어쩌지?'라는 생각이 많았는데 못하면 어떠하리? 그냥 하다 보니 또 소통이 잘 되고 자신감도 생겼다. 그렇게 유럽 여행하듯이 사람들에게 노래를 진심으로 들려드리고 또 한국의 옛날 노래를 알리다 보니 나도 재미있고, 외국인들의 반응도 너무 좋았다. 그래서인지 구독자도 빠르게 늘어나고 있다. 참 인생이란 어떻게 이어질지 모르는 것 같다. 오늘의 단추가 미래에는 어떻게 이어질지 궁금하기도 하다.

♬ 글을 마치며

길게 유럽 여행을 마치고 돌아왔을 때 나는 이제 유럽 안 가도 여한
이 없다고 했을 때가 있었다. 그런데, 진짜 코로나 때문에 못 가게 되다
보니 그때 생각이 문뜩문뜩 나기 시작했다. 그렇게 다이어리를 펼쳐보
게 되었고, '이 시국에 이 이야기가 다른 사람들에게 여행하는 것 같은
기분을 느끼게 하고, 또 어쩌면 누군가에게 새로운 도전을 할 수 있는
작은 힘이 되지 않을까?'라는 생각이 들었다. 그런 작은 생각들이 쌓여
이렇게 책까지 쓰게 되었다. 나의 당연함은 누군가에게 새로움과 설렘
이 될 수도 있기 때문이다. 요즘같이 어려운 시국에 작은 힘이 되었으면
하는 마음으로 이 글을 마친다.

감사합니다.

배낭 대신 기타 메고 떠납니다

초판 발행   2022년 2월 21일

지은이   박기명
펴낸이   정민제
교 정   문동진
디자인   김가을
캘리그라피   김인재

펴낸곳   선비북스
주 소   서울시 마포구 양화로 133 서교타워 809호
전 화   0507-1322-8598
이메일   sunbeebooks@naver.com
홈페이지   blog.naver.com/sunbeebooks